麦田金老师的解密烘焙

88款疗愈系装饰

超萌甜点零失败！

午茶饼干*蛋糕与西点

解密达人·麦田金 著

U0173795

河南科学技术出版社
·郑州·

甜点——
是用奶油、砂糖、鸡蛋、面粉创造出来的甜蜜奇迹！

可爱造型的甜点，无论大人小孩都喜欢。生活中很多小物，信手拈来，装饰在自制的点心上，随处有惊喜。

这是一本以下午茶甜点为设计主轴的甜点书。轻松制作、食材天然、一人一份刚刚好的量，让甜点上桌时完美地呈现在宾客眼前。用随手可取的用具，容易购买的食材，发挥一点巧思，就可以让精致的小甜点呈现各式各样可爱的造型。

这本书里有四大类型的点心：

①简单的饼干面团，加上一点装饰和巧思，就能变身成时尚可爱的下午茶明星。

②小巧的杯子蛋糕、口感轻盈的蛋糕卷、一人份的4英寸（注：英寸是非法定计量单位，1英寸约等于2.54厘米）蛋糕，加上水果或翻糖装饰，就能让蛋糕质感大大提升，让小朋友开心地尖叫："真的是太可爱啦！"

③泡芙，与脆皮相遇，在口感上更升级，搭配香浓滑润的内馅，让人吮指回味。

④简单造型的千层蛋糕，借由层层堆叠出的法式饼皮和特调馅料的组合，在口中化成令人难以忘怀的甜美滋味。

动手做点心真的是一件很有趣的事，在制作甜点的过程中，可以忘记很多烦恼，可以疗愈我们的心灵，可以发挥我们的创意。

想分享给学生和读者的内容太多，可以写的内容太多，最后在拍照过程中，把原始的设计和构想拆成三本，不然一本书里，真的装不下所有我想分享给大家的内容。感谢参与本书制作的所有工作人员：摄影师、编辑、美编、行销，以及麦田金最棒的助理团队：亦筑、承玲、怡真、玉纯、玉雪。

辛苦了，谢谢大家。

希望你喜欢这本充满疗愈气息的甜点书，现在，准备好食材，让我们一起动手做超萌甜点吧！

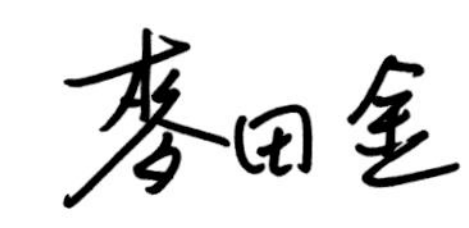

目　录

常用装饰材料制作

PART 1 饼干篇

挤出式饼干面糊

压模式饼干面团

PART 2 蛋糕篇

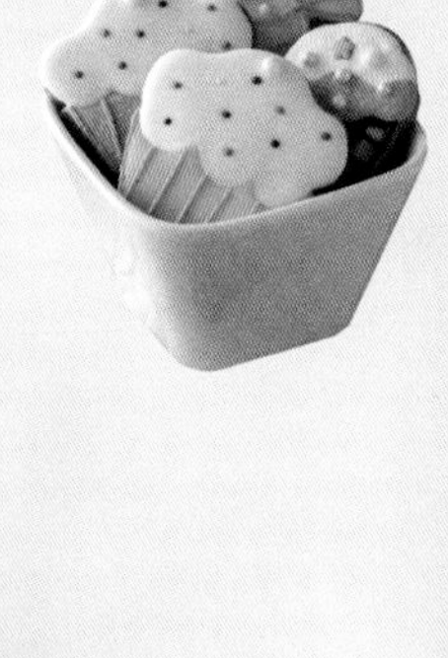

PART 3 西点篇

烘焙工具

电子磅秤

精准的磅秤可以确保材料比例正确，不建议使用弹簧秤，因为容易有误差，用久了弹簧也会老化。

不锈钢盆

拌匀材料使用，亦可直接加热或隔水加热，建议选购几个不同尺寸的大小搭配使用。

筛网

过滤粉类、面糊或液态类，挑选时以网目较细的为佳，可滤除杂质或者滤除面糊粉粒。

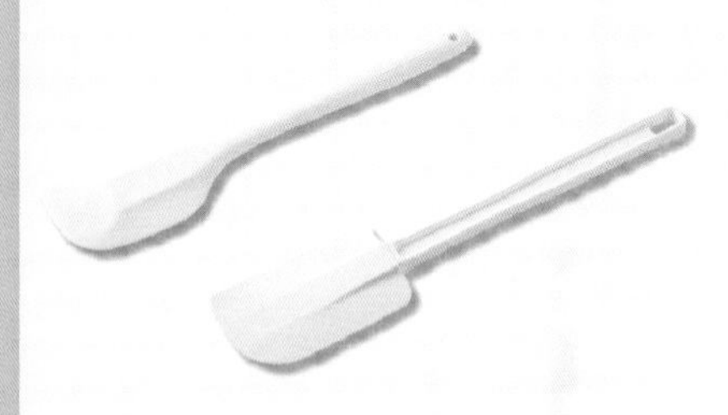

橡皮刮刀

拌匀材料的好帮手，选购时注意耐热度，耐热材质可在加热的锅盆中使用。

打蛋器

打发蛋白或混拌材料时使用。挑选时，长度可比不锈钢盆高，这样方便操作。

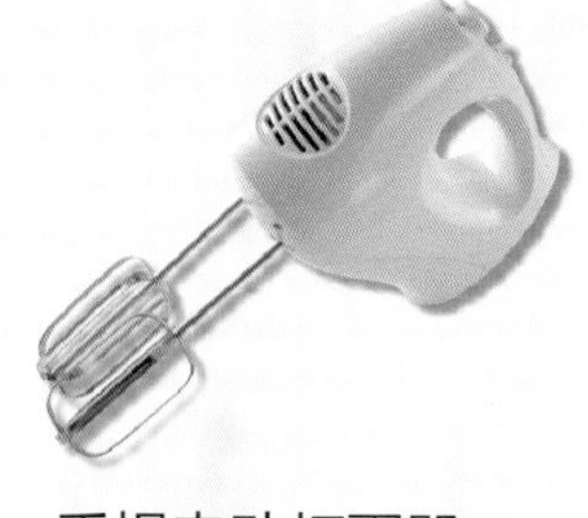

手提电动打蛋器

手提电动打蛋器的价格经济实惠，比手持打蛋器省力许多。

刮板

有直线面的硬刮板和曲线面的软刮板。硬刮板可分切面团或奶油，软刮板可用来刮拌面糊。

擀面棍

擀平面团时使用，若购买木制擀面棍，使用过后要彻底干燥再收纳，避免潮湿发霉。

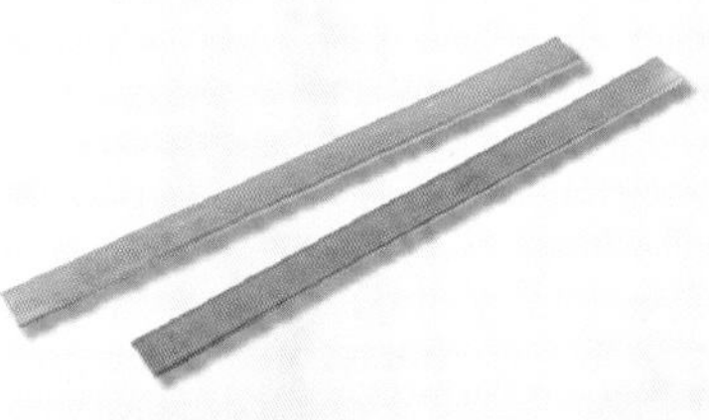

厚度辅助尺

把两把辅助尺放在面团两侧，再用擀面棍擀过，就能得到厚度一致的面团。可于烘焙材料行购得，也能用牌尺或者木条取代。

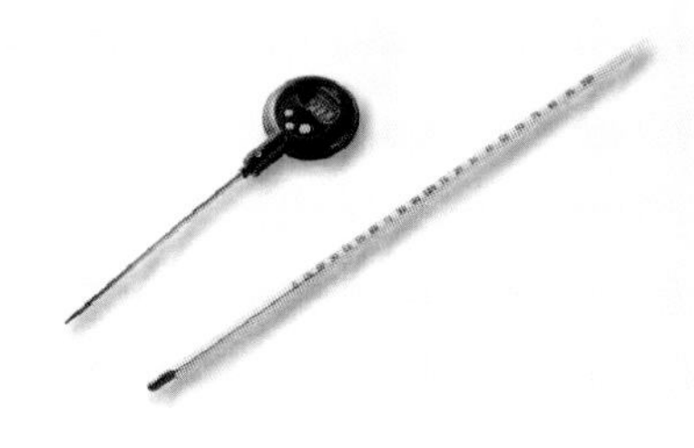

温度计

用来测量液体温度的必备器具。酒精温度计购买时要注意测量范围，平时要小心收纳避免磕碰，若红色酒精断线就无法使用了。

挤花袋与花嘴

可在挤花袋中装入奶油挤花装饰，或者装入面糊和内馅等。挤花袋可搭配各种花嘴使用。常用花嘴有平口花嘴、菊形花嘴以及锯齿花嘴。

平底不粘锅

制作千层蛋糕面皮时使用，要使用不粘材质才好煎，锅面大小决定千层蛋糕大小。

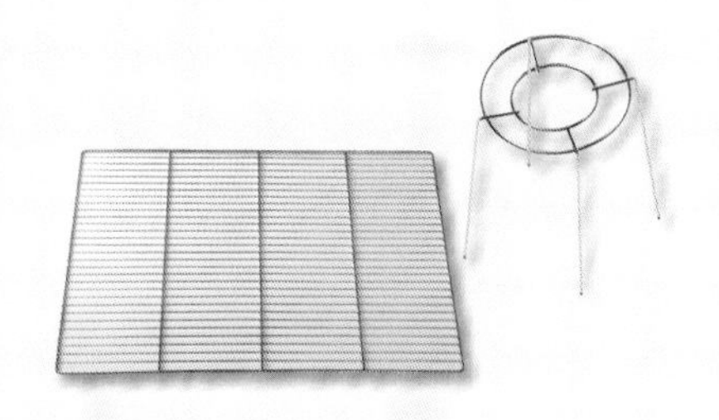

冷却架

产品出炉时使用，中空的网格能帮助烘焙产品迅速散热。

蛋糕转台

装饰蛋糕时的辅助工具，塑胶材质转台经济实惠，亦可选购金属材质转台，转动的稳定性较高。

防粘纸

可铺在烤盘上，无法重复使用。亦可选购能重复使用的防粘布或耐热硅胶垫。

计时器

可帮助制作过程计时，利用声音提醒制作者，注意观察烘焙状态。

抹刀

有L形和直的两种，可用来涂抹奶油等，也可辅助用于移动蛋糕。

锯齿刀

专用于蛋糕、面包或者其他西点切割。锯齿呈月牙状，使用时，要以来回拉锯的方式切。

周边模具

4英寸活动蛋糕模

制作戚风或海绵蛋糕时使用，建议选用活动式烤模，脱模比较方便。

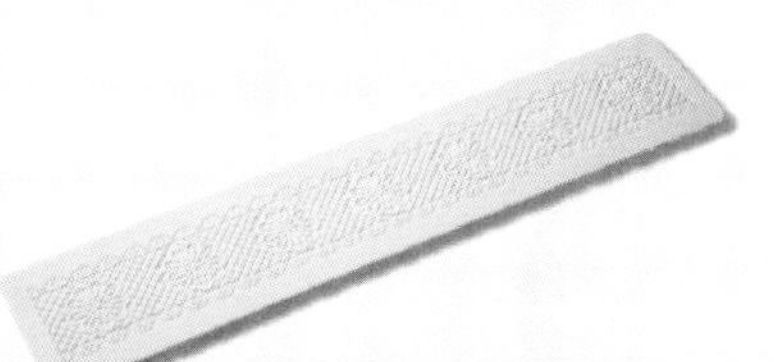

蕾丝糖硅胶模

用于制作蕾丝糖等。

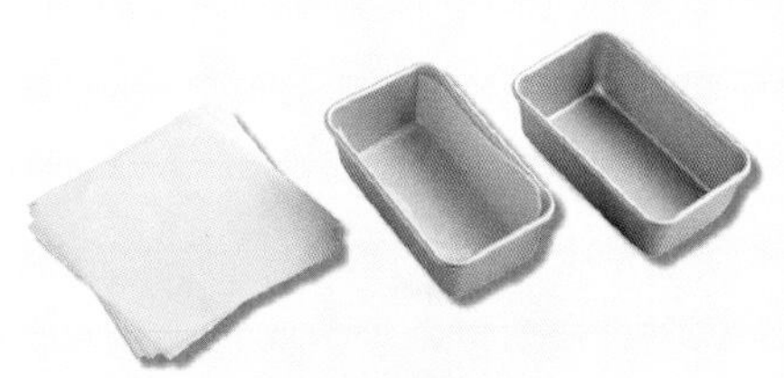

迷你磅蛋糕模

模具可抹油防粘黏，或放一张防粘纸，烤好就能直接把蛋糕提起来。

饼干模

饼干模的选择众多，压面团前可先蘸少许面粉，避免面团和模型相互粘连。

耐烤纸模

用于制作杯子蛋糕，具有支撑力，可直接使用，不需额外套进烤模。

盆栽造型杯

点心专用造型盆栽模，底部密合无孔洞，不可烘烤，适用于慕斯类，可至烘焙器材行购买。

瓷烤盅

在制作舒芙蕾时使用，光滑的瓷模有利于面糊向上爬升、膨胀。

派模

派模有活动式与固定式，固定式底部可铺上剪好的防粘纸方便脱模。

咕咕霍夫模

国外制作圣诞节面包的经典模具，亦可用于制作蛋糕。

装饰插卡

装饰西点时使用，增加成品趣味性和美观度。

材料识别

黄金砂糖

二砂糖

蜜黑枣

巧克力饼干（粉）

无糖花生酱

即溶咖啡粉

阿萨姆红茶

伯爵茶叶

抹茶粉

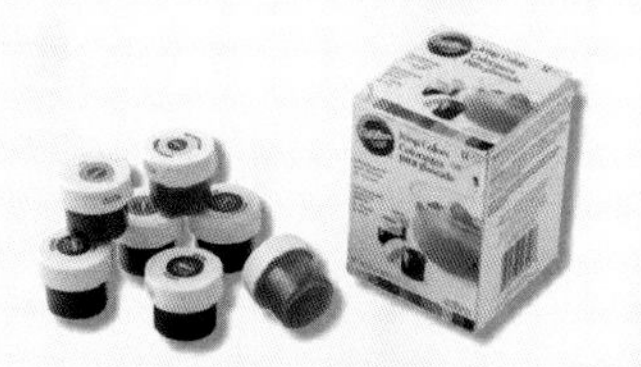

食用色膏

软质巧克力
（巧克力抹酱）

装饰彩珠

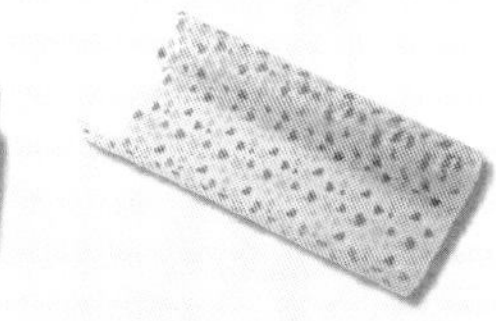

巧克力转印纸

香草荚酱

白巧克力

牛奶巧克力

苦甜巧克力

甜菜根粉

天然发酵无盐奶油

香草荚

意大利蛋白霜粉

常用装饰材料制作

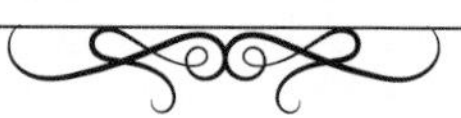

意大利蛋白糖霜(浓)

[材料]

意大利蛋白霜粉	20g
糖粉	200g
冷开水	35g

[做法]

意大利蛋白霜粉＋糖粉，混合过筛，倒入冷开水。

先用橡皮刮刀拌匀。

用手提电动打蛋器快速搅打2分钟。

以橡皮刮刀拉起为不流动的片状即可，装入挤花袋备用。

意大利蛋白糖霜(稀)

[材料]

意大利蛋白霜粉	20g
糖粉	200g
冷开水	45g

[做法]

意大利蛋白霜粉＋糖粉，混合过筛，倒入冷开水，先用橡皮刮刀拌匀。

再改用手提电动打蛋器以快速搅打6分钟，以橡皮刮刀拉起时呈流动的状态即可。

运用&保存

* 可添加色膏或色素调色。
* 浓稠的意大利蛋白糖霜可用于勾勒图案边框，立体感和厚度较佳；稀的意大利蛋白糖霜，适用于填充较大的面积。
* 调匀的意大利蛋白糖霜可添加色膏调色，要装入挤花袋尽快使用，否则接触空气太久会干掉。

奶油霜

[材料]

无盐奶油	200g
糖粉	40g
果糖	100g

[做法]

1 无盐奶油放入不锈钢盆，先用手提电动打蛋器打软。

2 糖粉以滤网筛入不锈钢盆，确保不结粉球。

3 先用橡皮刮刀拌匀，再用手提电动打蛋器搅打5分钟，至呈现乳白色。

4 分3～4次倒入果糖，用手提电动打蛋器搅打。

5 持续搅打至材料混合均匀。

6 颜色呈更浅一些的乳白色。

运用&保存

* 奶油霜可用来抹蛋糕或作为饼干夹心；装入挤花袋可做出各种挤花装饰。
* 此配方可置于室温保存，但冷藏后口感较佳。
* 可加入少许食用色素调出需要的颜色。

翻糖

[材料]

热开水	45g	糖粉	380g
细砂糖	45g	白油	45g
吉利丁片	5g		

[做法]

1 热开水+细砂糖，放到锅中，煮到砂糖化开。

2 熄火，加入先泡软后挤干水分的吉利丁片，拌匀，放凉至约30℃，备用。

3 糖粉+白油，放入电动搅拌缸，用慢速搅打。

4 当白油拌散后，分次倒入做法2的糖水。

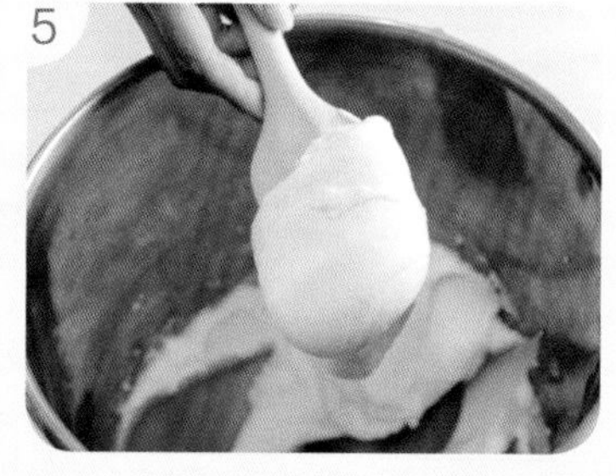

5 继续搅打5分钟，至质地细腻，装入塑胶袋，静置12小时即可使用。

运用&保存

* 如需其他颜色翻糖，可用牙签蘸取少许色膏，抹在翻糖上，用掌心将色膏与翻糖混合压匀，搓揉至颜色均匀即可。
* 翻糖可冷藏保存两星期。

塑形巧克力

[材料]

巧克力　　300g
麦芽糖　　140g
冷开水　　15g

[做法]

1 巧克力放入不锈钢盆，以隔水加热方式上炉，开小火。

2 依序倒入麦芽糖和冷开水。

3 边加热边用橡皮刮刀混合拌匀，直到完全融化，呈亮面状态即可。

运用&保存

* 塑形巧克力需留意制作过程温度不能超过40℃，否则巧克力会油水分离，如果太热要先离火降温。
* 室温可保存一星期。
* 使用前先揉软，再做造型。

PART 1

饼干篇

饼干是进入烘焙最平易近人的选项，利用适合挤出塑形的面糊，

和便于压制图样的面团，搭配疗愈效果满点的装饰技巧，

就能制作出充满幸福感的饼干～

制作分量 | 25g×18片
最佳赏味 | 常温14天

杏仁饼干

[材料]

无盐奶油	120g	杏仁粉	60g
糖粉	60g	蛋白	40g
蛋黄	40g	杏仁片	100g
低筋面粉	170g	杏仁豆	18颗

[做法]

1 无盐奶油室温回软，放入不锈钢盆，用手提电动打蛋器打软，加入已过筛的糖粉。

2 继续用手提电动打蛋器打发，加入蛋黄，再打发。

3 加入过筛低筋面粉和杏仁粉。

4 用刮刀拌匀，静置10分钟。

5 杏仁片用手稍微压碎。

6 面团分割成每个25g，搓圆。

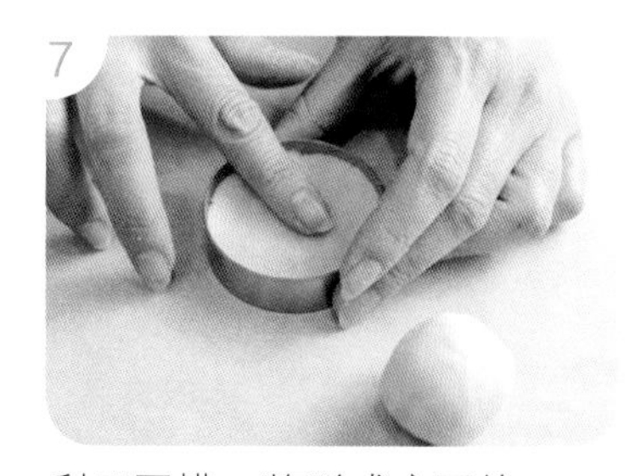

7 利用圆模，整形成扁圆状。

8 将压扁的面团表面刷上蛋白，粘上碎杏仁片，压紧。

9 杏仁豆裹上蛋白，粘在面团中心，压紧，排在烤盘上，放入烤箱，以上火180℃ / 下火150℃，烤焙15分钟，将烤盘调头，再烤7分钟即可。

兰姆葡萄燕麦饼干

制作分量 | 20g×26片
最佳赏味 | 常温14天

[材料]

无盐奶油	100g	小苏打粉	2g
黄金砂糖	50g（或二砂糖）	燕麦片	120g
盐	2g	熟核桃碎	65g
全蛋	30g	葡萄干	35g
香草荚酱	1小滴	蔓越莓干	35g
低筋面粉	80g	兰姆酒	适量

[做法]

1

无盐奶油室温回软，放入不锈钢盆，用手提电动打蛋器打软，加入黄金砂糖＋盐，打发。

2

加入全蛋＋香草荚酱，继续以手提打蛋器打发。

3

加入过筛的低筋面粉＋小苏打粉，用刮刀拌匀。

4

加入燕麦片，拌匀。

5

再加入熟核桃碎，拌匀。

6

葡萄干先用兰姆酒泡软，挤干，和蔓越莓干一起加到面团中，拌匀。

7
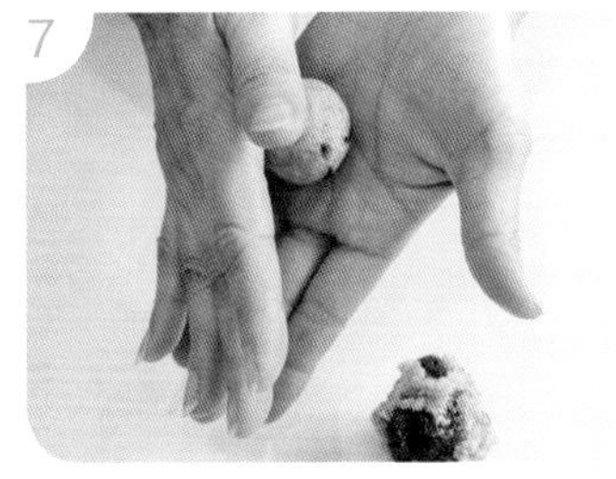
面团分割成每个20g，搓圆。

8

再利用圆模，整形成扁圆状。

9

排在烤盘上，放入烤箱，以上火180℃／下火150℃，烤焙22～25分钟即可。

制作分量 | 15g×25片
最佳赏味 | 常温14天

格纹红茶饼干 米香红茶饼干

[材料]

阿萨姆红茶叶	7g	香草荚酱	1小滴
热开水	35g	低筋面粉	180g
无盐奶油	110g	小苏打粉	2g
细砂糖	55g	米香	50g
盐	1g		

[做法]

1 阿萨姆红茶叶用料理机磨成粉，加入热开水，浸泡30分钟（夏天请放冰箱冷藏）。

2 无盐奶油放入不锈钢盆，用手提电动打蛋器以同方向最快速搅打1分钟，加入细砂糖+盐。

3 再以同方向最快速搅打3分钟（每搅打1分钟，停机刮不锈钢盆一次），加入做法1的红茶液。

4 继续以同方向最快速搅打1分钟，再加入香草荚酱，拌匀。

5 加入过筛的低筋面粉+小苏打粉，用刮刀轻轻拌匀成团。

6 面团分割成每个15g，搓圆。

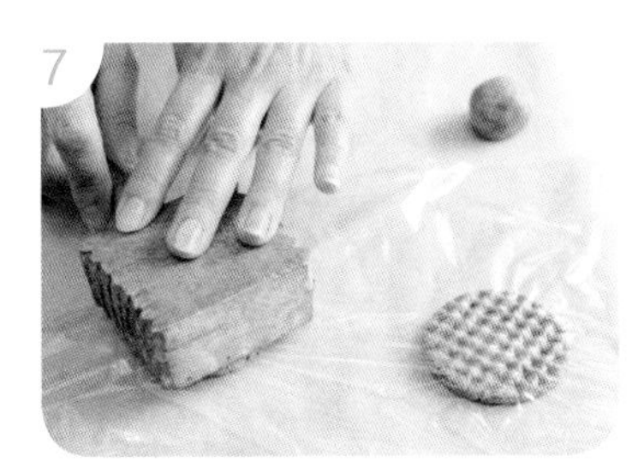

7 **格纹红茶饼干：**面团垫一层保鲜膜，用肉锤轻轻压扁，制造出格纹。

8 **米香红茶饼干：**面团粘裹上米香，揉成圆球状，再利用圆模，整形成扁圆状。

9 一起排在烤盘上，放入烤箱，以上火180℃ / 下火170℃，烤焙15分钟，将烤盘调头，再烤7～10分钟即可。

挤出式饼干面糊

“挤出式饼干面糊搅拌完要尽快使用，避免面糊变硬。
使用时，将面糊装入挤花袋，可以运用不同花嘴挤出各种花样。”

制作分量
约 1450g

香草面糊

[材料]

无盐奶油	330g	全蛋	240g
糖粉	270g	香草荚酱	1/2茶匙
盐	5g	低筋面粉	600g

[做法]

1

无盐奶油室温回软，放入不锈钢盆，用手提电动打蛋器快速打2分钟，让奶油回软。

2

加入过筛的糖粉＋盐，先用刮刀拌匀。

3

再用手提电动打蛋器，快速搅打1分钟。

4

打发至颜色变白。

5

先加入一半全蛋，用手提电动打蛋器搅匀。

6

再加入剩余全蛋，用手提电动打蛋器打发。

7

加入香草荚酱，用手提电动打蛋器快速打1分钟。

8

加入过筛的低筋面粉，用刮刀拌匀。

9

静置松弛10分钟，制成香草口味的挤出式面糊。

巧克力面糊

制作分量 1425g

[材料]

无盐奶油	330g	全蛋	240g
糖粉	270g	低筋面粉	530g
盐	5g	可可粉	50g

[做法]

1 无盐奶油室温回软，放入不锈钢盆，用手提电动打蛋器快速打2分钟，让奶油回软。

2 加入过筛的糖粉+盐，先用刮刀拌匀，再用手提电动打蛋器快速搅打1分钟。

3 先加入一半全蛋，用手提电动打蛋器搅匀。

4 再加入另一半全蛋，用手提电动打蛋器打发。

5 加入过筛的低筋面粉+可可粉，用刮刀拌匀。

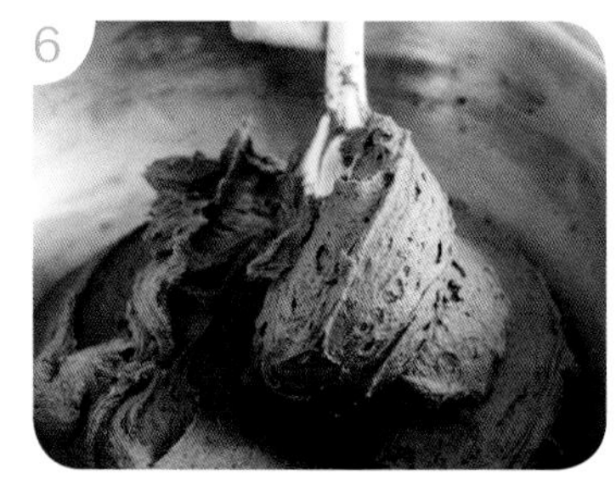

6 静置松弛10分钟，制成巧克力口味的挤出式面糊。

黑白波浪饼干

[材料]

香草面糊　适量（做法见P.25）
巧克力面糊　适量（做法见P.26）
细砂糖　适量

[做法]

1 面糊装入菊形花嘴挤花袋，在烤盘上挤出波浪长条状。

2 表面撒上细砂糖。放入烤箱，以上火180℃ / 下火170℃，烤焙15分钟，将烤盘调头，再烤7～10分钟即可。

缤纷指形饼干×6款

[材料]

香草面糊	适量（做法见P.25）	彩色糖珠	适量
巧克力面糊	适量（做法见P.26）	粉红糖珠	适量
苦甜巧克力	适量	熟杏仁角	适量
白巧克力	适量	熟杏仁片	适量

[做法]

1 香草面糊装入平口花嘴挤花袋，在烤盘上挤出指形。

2 巧克力面糊装入平口花嘴挤花袋，在同一个烤盘上挤出指形，放入烤箱，以上火180℃/下火170℃，烤焙15分钟，将烤盘调头，再烤7～10分钟，出炉放凉。

3 **装饰A**：苦甜巧克力隔水加热融化，装在三角袋中，用剪刀剪一个小洞，在香草指形饼干上画线即可。

4 **装饰B**：白巧克力隔水加热融化，装在三角袋中，用剪刀剪一个小洞，在巧克力指形饼干上画线即可。

5 **装饰C**：白巧克力隔水加热，取香草指形饼干蘸裹半截白巧克力，撒上彩色糖珠即可。

6 **装饰D**：白巧克力隔水加热，取巧克力指形饼干蘸裹半截白巧克力，撒上粉红糖珠即可。

7 **装饰E**：苦甜巧克力隔水加热，取巧克力指形饼干蘸裹半截苦甜巧克力，撒上熟杏仁角即可。

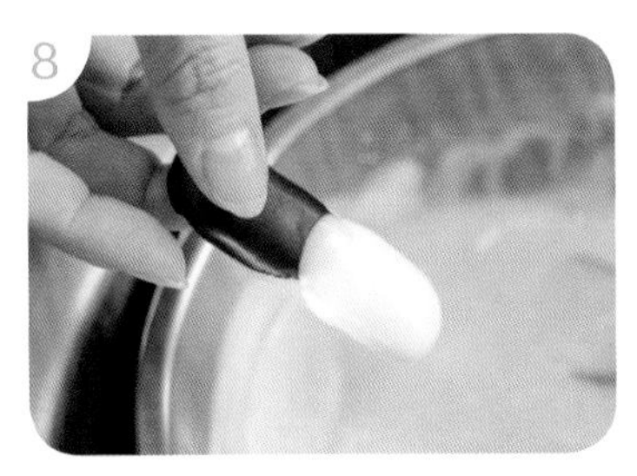

8 **装饰F**：香草指形饼干蘸裹半截苦甜巧克力，凝固后，再蘸裹半截白巧克力。

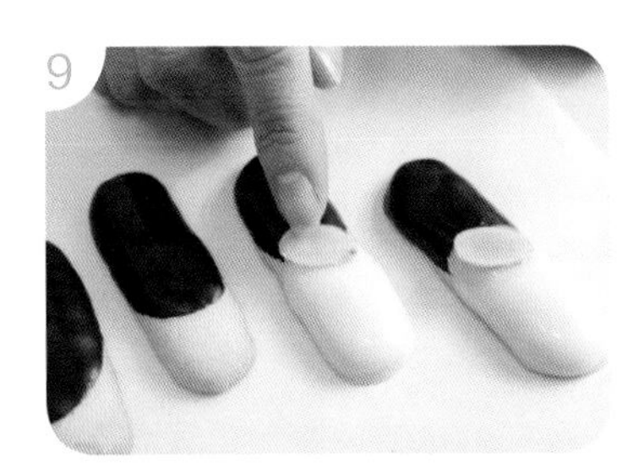

9 在双色巧克力交接处粘上熟杏仁片即可。

最佳赏味
常温 14 天

环形奶酥饼干×3款

[材料]

香草面糊	适量（做法见P.25）	草莓果酱	适量
巧克力面糊	适量（做法见P.26）	夏威夷豆	适量
高筋面粉	少许	胡桃	适量

[做法]

第一款

1 香草面糊装入菊形花嘴挤花袋，在烤盘上挤出圆圈形。

2 整形工具蘸高筋面粉防粘黏，于面糊中心按压出一个凹槽。

3 中心挤入草莓果酱，以上火180℃ / 下火170℃，烤焙15分钟，将烤盘调头，再烤7～10分钟即可。

第二款

1 巧克力面糊装入菊形花嘴挤花袋，在烤盘上挤出圆圈形。

2 中心摆上夏威夷豆，以上火180℃ / 下火170℃，烤焙15分钟，将烤盘调头，再烤7～10分钟即可。

第三款

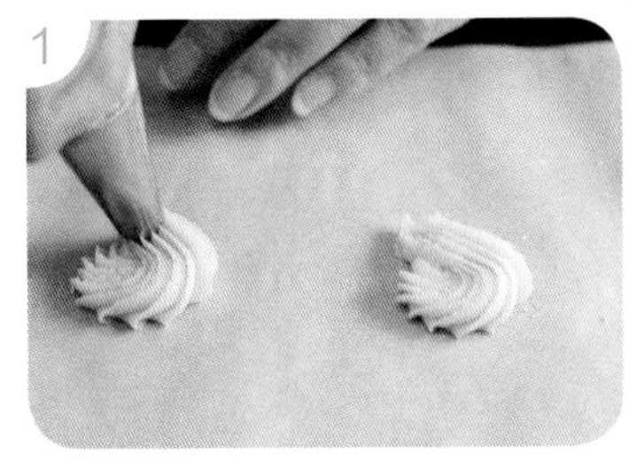
1 香草面糊装入菊形花嘴挤花袋，在烤盘上挤半个心形。

2 巧克力面糊也依上述方式，挤出另外半边的心形。

3 中心摆上胡桃，放入烤箱，以上火180℃ / 下火170℃，烤焙15分钟，将烤盘调头，再烤7～10分钟即可。

最佳赏味
常温 14 天

挤花动物饼干×3款

[材料]

香草面糊	适量（做法见P.25）	高筋面粉	少许
巧克力面糊	适量（做法见P.26）	苦甜巧克力	适量

[做法]

羊咩咩饼干

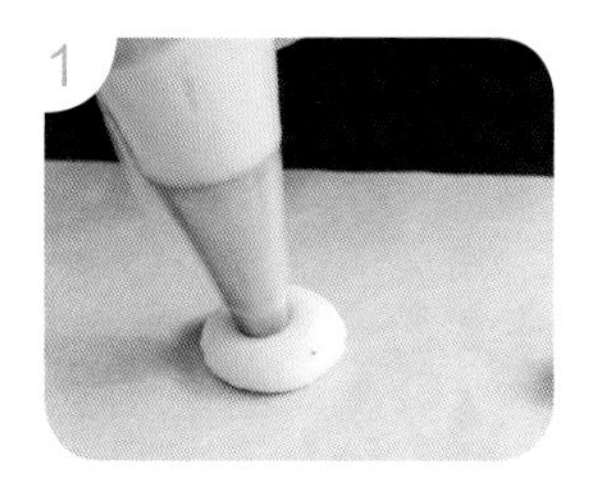

香草面糊装入平口花嘴挤花袋，在烤盘上挤出椭圆水滴形。

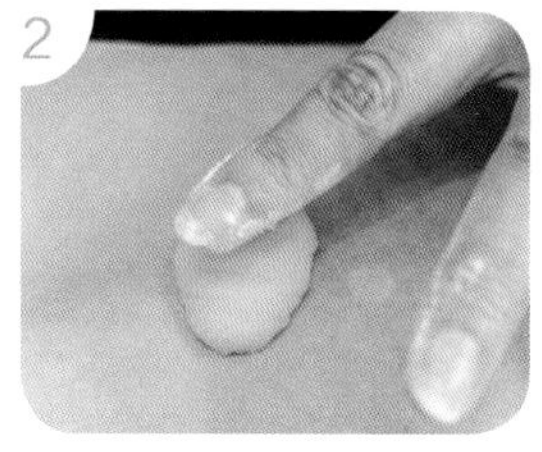

手指先蘸取高筋面粉防粘黏，再用手指压平凸出的面糊。

香草面糊装入小菊形花嘴挤花袋，在椭圆水滴两侧挤上耳朵。

放入烤箱，以上火180℃/下火170℃，烤焙15分钟，将烤盘调头，再烤7~10分钟，出炉放凉，用融化的苦甜巧克力画上面部细节即可。

奶油狮饼干

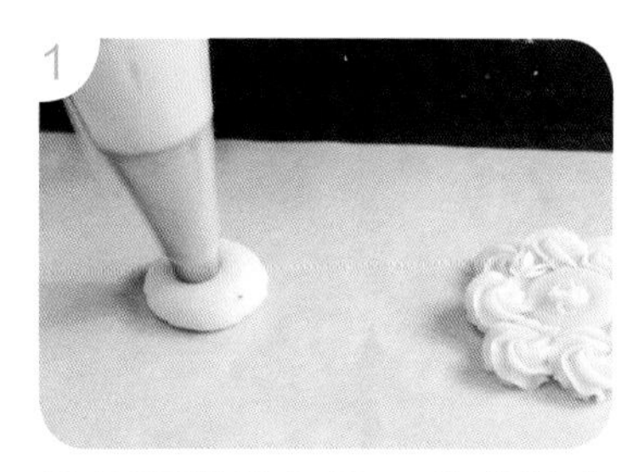

香草面糊装入平口花嘴挤花袋，在烤盘上挤出圆形。

香草面糊装入小菊形花嘴挤花袋，在外围挤上一圈小圆。

放入烤箱，以上火180℃/下火170℃，烤焙15分钟，将烤盘调头，再烤7~10分钟，出炉放凉后，用融化的苦甜巧克力画上面部细节即可。

黑毛狮饼干

香草面糊装入平口花嘴挤花袋，在烤盘上挤出圆形，再将巧克力面糊装入小菊形花嘴挤花袋，在外围挤上一圈小圆。

挤两撇八字当胡子。

放入烤箱，以上火180℃/下火170℃，烤焙15分钟，将烤盘调头，再烤7~10分钟，出炉放凉后，用融化的苦甜巧克力画上面部细节即可。

最佳赏味
常温 14 天

萝蜜亚饼干

[材料]

动物性鲜奶油	35g	熟杏仁片	200g
二砂糖	45g	香草面糊	适量（做法见P.25）
枫糖	45g		
无盐奶油	35g		

[做法]

1

动物性鲜奶油＋二砂糖＋枫糖，放入锅中。

2

上炉煮到121℃。

3

熄火，加入无盐奶油，搅拌至融化。

4

加入熟杏仁片，边拌边将杏仁片压碎，混合均匀即为枫糖杏仁馅。

5

香草面糊装入挤花袋，使用萝蜜亚花嘴，在烤盘上挤出萝蜜亚造型。

6

中间填入枫糖杏仁馅，放入烤箱，以上火180℃／下火170℃，烤焙15分钟，将烤盘调头，再烤7～10分钟即可。

压模式饼干面团

制作分量
约 850g

香草面团

[材料]

无盐奶油	210g	蛋黄	70g	杏仁粉	70g
盐	3g	香草荚酱	1/2茶匙		
糖粉	140g	低筋面粉	350g		

[做法]

1

无盐奶油室温回软，放入不锈钢盆，加入盐，用手提电动打蛋器快速打1分钟，让奶油回软。

2

加入过筛的糖粉，先用刮刀拌匀，再用手提电动打蛋器快速搅打2分钟。

3

加入蛋黄＋香草荚酱，用手提电动打蛋器快速打发2分钟。

4

取1/2过筛的低筋面粉＋杏仁粉，用刮刀拌匀。

5

再加入剩余的低筋面粉，用刮刀拌匀成团。

6
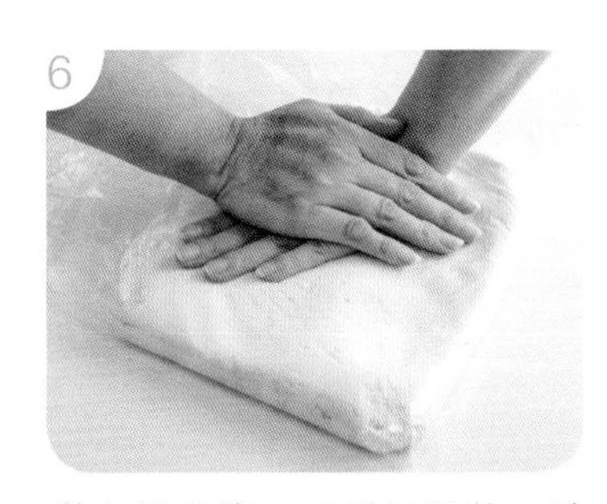
装入塑胶袋，用手压平整，放入冰箱冷藏或冷冻保存即可。

“压模式饼干面团就是冰箱小西饼的基底面团，可拌好用塑胶袋密封，放进冰箱冷冻或冷藏备用。使用前，将面团取出稍微回软，擀薄，用各种模型压出图样即可。使用模型时，需将模型蘸上高筋面粉防止粘黏。”

巧克力面团

[材料]

无盐奶油	220g	杏仁粉	70g
盐	3g	低筋面粉	350g
糖粉	145g	可可粉	35g
蛋黄	75g		

[做法]

1

无盐奶油室温回软，放入不锈钢盆，加入盐，用手提电动打蛋器快速打1分钟，让奶油回软。

2

加入过筛的糖粉，先用刮刀拌匀，再用手提电动打蛋器快速搅打2分钟。

3

加入蛋黄，用手提电动打蛋器快速打发2分钟。

4

加入杏仁粉，用刮刀拌匀。

5

分2次加入过筛的低筋面粉＋可可粉。

6

用刮刀拌匀成团状，装入塑胶袋，用手压平整，放入冰箱冷藏或冷冻保存即可。

造型压模饼干

[材料]

香草面团	适量（做法见P.37）
巧克力面团	适量（做法见P.38）
高筋面粉	少许

[做法]

1

从冰箱中取出香草面团和巧克力面团，分别擀成0.5cm厚。

2

模型蘸高筋面粉防粘黏。

3

用模型压出图样，取出，排放于烤盘上，放入烤箱。

4

以上火180℃ / 下火180℃，烤焙15～20分钟即可。

脚印饼干 猴子饼干

[材料]

香草面团	适量（做法见P.37）	苦甜巧克力	适量
巧克力面团	适量（做法见P.38）	草莓巧克力	适量

※饼干面团厚度0.5cm。

[做法]

脚印饼干

1

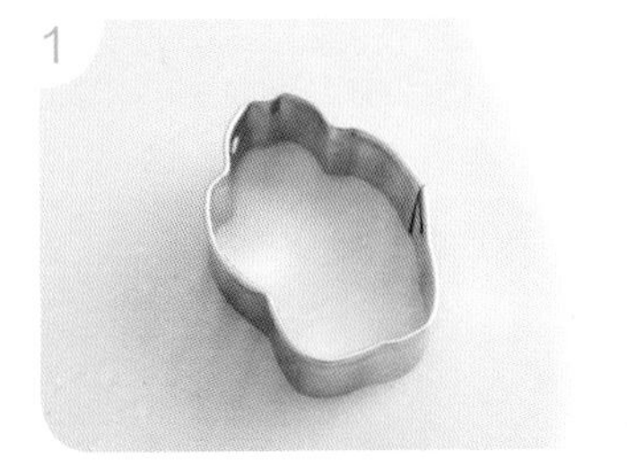

用模型在香草面团上压取脚底板图样。

2

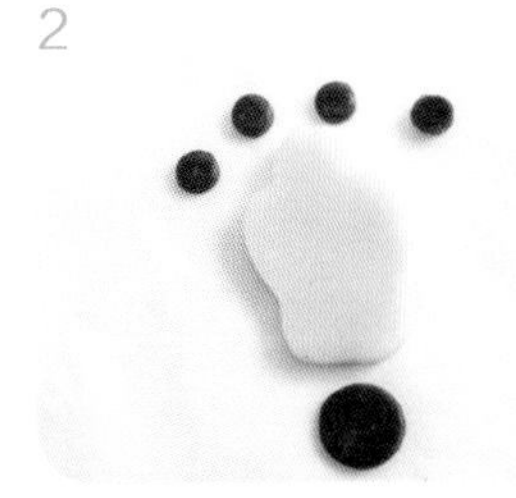

用小圆模型在巧克力面团上压取4个小圆+1个大圆。

3

组合成脚掌状，排在烤盘上，放入烤箱，以上火180℃ / 下火180℃，烤焙15分钟即可。

猴子饼干

1

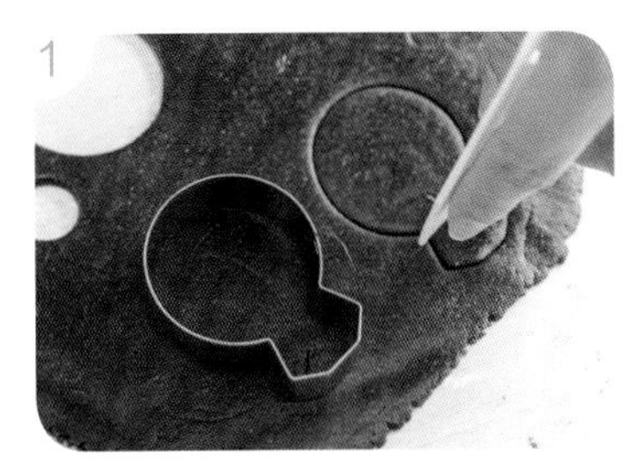

用模型在巧克力面团上压取1个大圆+2个小圆。

2

用模型在香草面团上压取心形。

3

组合成猴脸，排在烤盘上，放入烤箱，以上火180℃ / 下火180℃，烤焙15~20分钟，出炉放凉。

4

苦甜巧克力、草莓巧克力分别隔水加热融化，装在三角袋中，用剪刀剪一个小洞，画出面部细节即可。

最佳赏味
常温 14 天

猫头鹰饼干×2款

[材料]

香草面团　适量（做法见P.37）
巧克力面团　适量（做法见P.38）
杏仁豆　适量
翻糖片　适量（做法见P.14）
苦甜巧克力　适量
※饼干面团厚度0.5cm。
※翻糖片厚度0.2cm。

[做法]

第一款

1

用圆压模在两色面团上各压1片圆形。在圆形巧克力片上压取两片橄榄形。

2

将巧克力橄榄形片放在香草圆片上，压合。

3

在香草面团上压取2个小圆形，组合当眼睛，中间放1颗杏仁豆，排在烤盘上，放入烤箱，以上火180℃ / 下火180℃，烤焙15～20分钟，出炉放凉。

4

苦甜巧克力隔水加热融化，装在三角袋中，用剪刀剪一个小洞，画上面部细节即可。

第二款

1
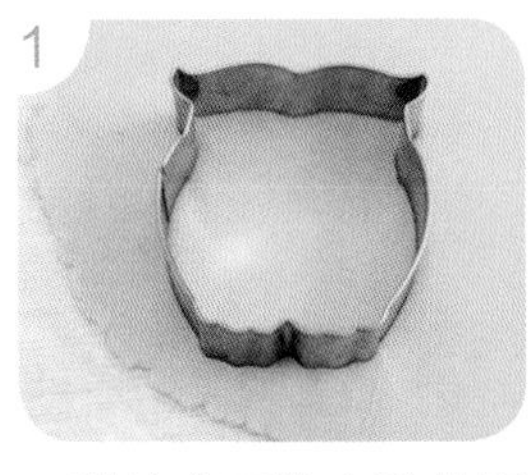
用猫头鹰压模在香草面团上压出造型，中间放1颗杏仁豆，排在烤盘上，放入烤箱，以上火180℃ / 下火180℃，烤焙15～20分钟，出炉放凉。

2

用圆花嘴压取2片白色翻糖片。

3

粘在猫头鹰饼干上，当作眼睛。

4

苦甜巧克力隔水加热融化，装在三角袋中，用剪刀剪一个小洞，画上面部细节即可。

松鼠 浣熊 乳牛 饼干

最佳赏味
常温 14 天

松鼠饼干

[材料]

香草面团	适量（做法见P.37）	白巧克力	适量
巧克力面团	适量（做法见P.38）	苦甜巧克力	适量
杏仁豆	适量	草莓巧克力	适量

※饼干面团厚度0.5cm。

[做法]

1

用模型分别在两色面团上压出如图所示的图样。取1颗杏仁豆。

2

组合成松鼠状，排在烤盘上，放入烤箱，以上火180℃ / 下火180℃，烤焙15～20分钟，出炉放凉。

3

白巧克力隔水加热融化，装在三角袋中，用剪刀剪一个小洞，在饼干上画出卷尾巴。

4

依同样方式，用融化的苦甜巧克力画上面部细节，用融化的草莓巧克力画上粉红脸颊即可。

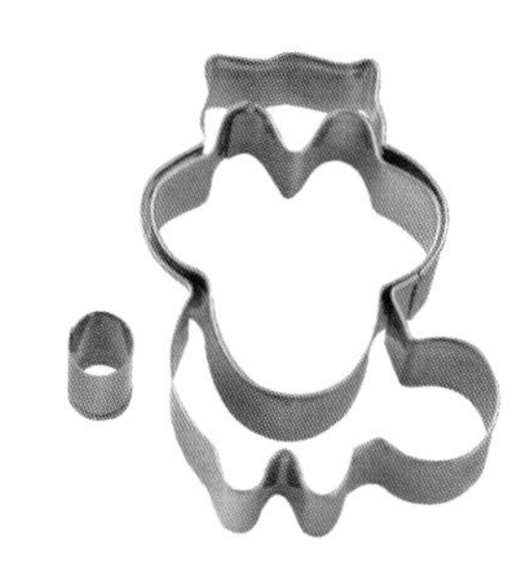

浣熊饼干

[材料]

香草面团	适量（做法见P.37）	白巧克力	适量	※饼干面团厚度0.5cm。
巧克力面团	适量（做法见P.38）	苦甜巧克力	适量	
蔓越莓干	适量			

[做法]

1

用模型分别在两色面团上压出如图所示的图样。取1颗蔓越莓干。

2

组合成浣熊状，排在烤盘上，放入烤箱，以上火180℃ / 下火180℃，烤焙15～20分钟，出炉放凉。

3

白巧克力隔水加热融化，装在三角袋中，用剪刀剪一个小洞，在饼干上画出白肚子。

4

依同样方式，用融化的苦甜巧克力画上细节，等待凝固即可。

最佳赏味
常温 14 天

乳牛饼干

[材料]

香草面团	适量（做法见P.37）
巧克力面团	适量（做法见P.38）
白巧克力	适量
苦甜巧克力	适量
草莓巧克力	适量

※饼干面团厚度0.5cm。

※翻糖片厚度0.2cm。

[做法]

1

用模型在巧克力面团上先压出乳牛形，再压取一角。使用模型，在香草面团上压出完整的乳牛形与椭圆形。

2

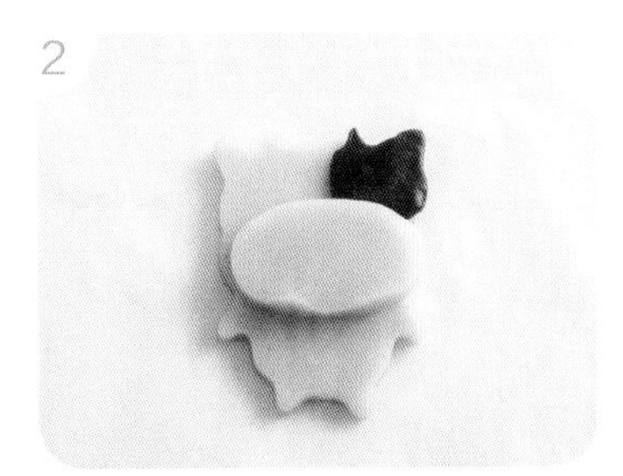

组合成乳牛状，排在烤盘上，放入烤箱，以上火180℃ / 下火180℃，烤焙15～20分钟，出炉放凉。

3

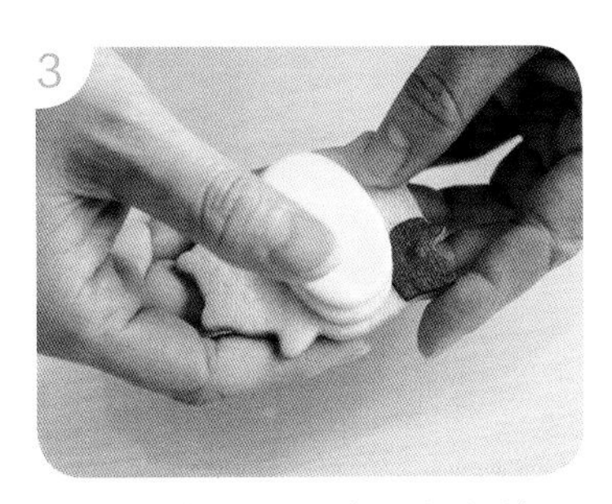

用椭圆模压取1片白色翻糖，粘贴在饼干上的香草椭圆片上。

4

白巧克力隔水加热融化，装在三角袋中，用剪刀剪一个小洞，在饼干上画出白肚子，凝固后用融化的草莓巧克力和苦甜巧克力画出细节即可。

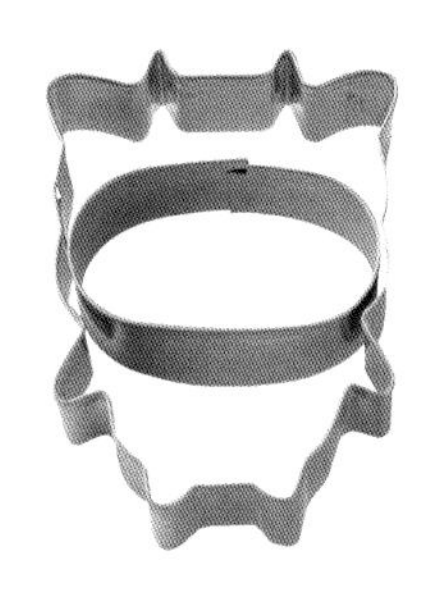

最佳赏味
常温 14 天

几何挂耳饼干×4款

[材料]

香草面团	适量（做法见P.37）	各色巧克力	适量
各色翻糖片	适量（做法见P.14）	※饼干面团厚度0.5cm。	
各色意大利蛋白糖霜	适量（做法见P.12）	※翻糖片厚度0.2cm。	

[做法]

1 用四款挂耳模型在香草面团上压出图样，排在烤盘上，放入烤箱，以上火180℃／下火180℃，烤焙15～20分钟，出炉放凉。

2 以挂耳模型在翻糖片上压取图样。

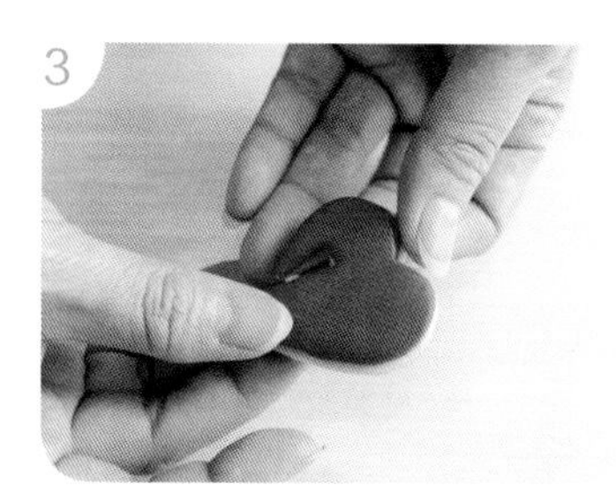

3 盖在饼干上，贴合。

4

5

6

再用各色意大利蛋白糖霜或各色融化的巧克力，画出喜欢的图案即可。

最佳赏味
常温 14 天

眼镜 手掌 红唇 饼干

[材料]

香草面团　　适量（做法见P.37）
巧克力面团　　适量（做法见P.38）
苦甜巧克力　　适量
白巧克力　　适量
各色翻糖片　　适量
※饼干面团厚度0.5cm。
※翻糖片厚度0.2cm。

[做法]

眼镜饼干

1 用眼镜模型在巧克力面团上压取图样，排在烤盘上，放入烤箱，以上火180℃／下火180℃，烤焙15～20分钟，出炉放凉。

2 将饼干放在网架上，淋上融化的苦甜巧克力。

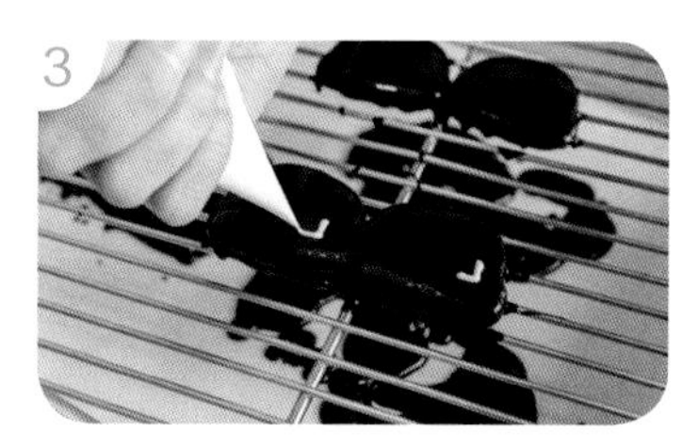

3 用融化的白巧克力画上高光，等待凝固即可。

手掌饼干

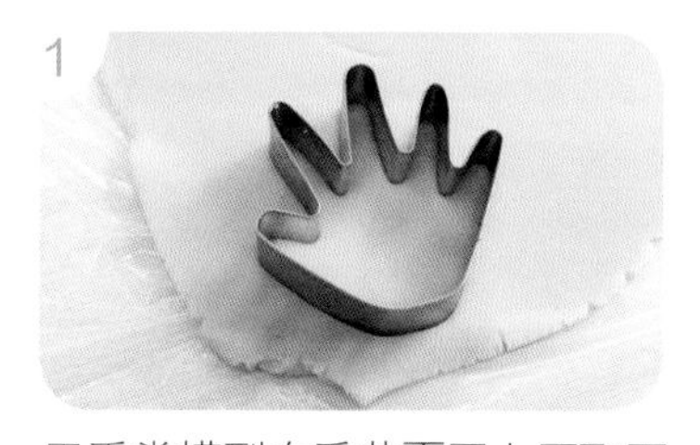

1 用手掌模型在香草面团上压取图样，排在烤盘上，放入烤箱，以上火180℃／下火180℃，烤焙15～20分钟，出炉放凉。

2 用模型在绿色翻糖片上压取手掌中空爱心图样。

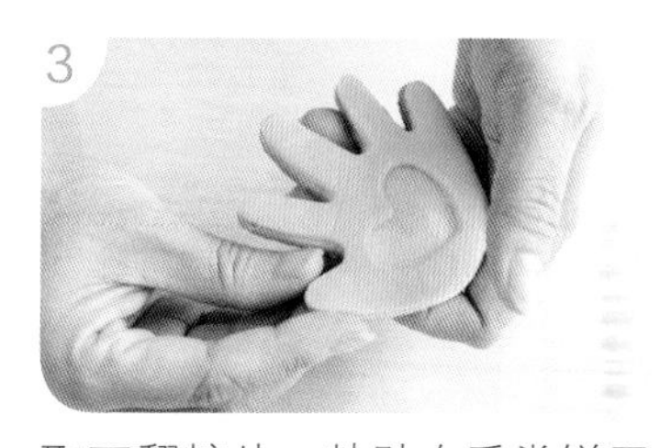

3 取下翻糖片，粘贴在手掌饼干上即可。

红唇饼干

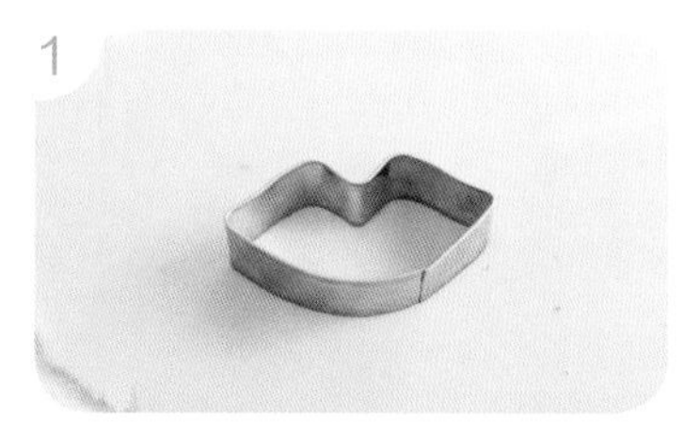

1 用嘴唇模型在香草面团上压取图样，排在烤盘上，放入烤箱，以上火180℃／下火180℃，烤焙15～20分钟，出炉放凉。

2 用模型在红色翻糖片上压取嘴唇图样，粘贴在饼干上。

3 用融化的苦甜巧克力与白巧克力画上细节即可。

小熊饼干 彩球饼干

最佳赏味
常温 14 天

[材料]

香草面团	适量（做法见P.37）
各色意大利蛋白糖霜	适量（做法见P.12）
粉红色翻糖片	适量（做法见P.14）
白巧克力	适量
苦甜巧克力	适量
草莓巧克力	适量

※饼干面团厚度0.5cm。

※翻糖片厚度0.2cm。

[做法]

小熊饼干

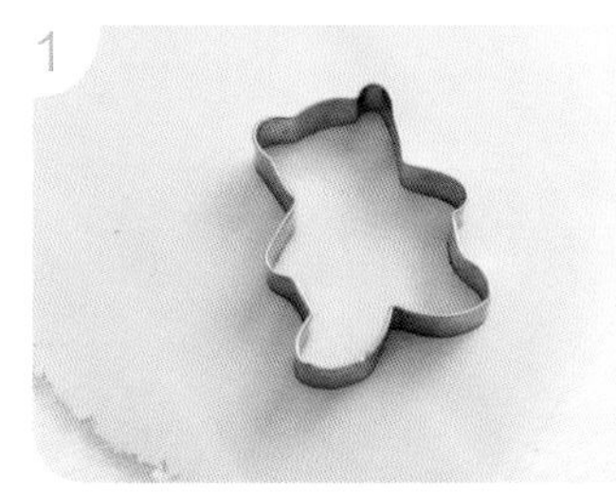

1 用小熊模型在香草面团上压出图样，排在烤盘上，放入烤箱，以上火180℃ / 下火180℃，烤焙15～20分钟，出炉放凉。

2 用小熊模型在粉红色翻糖片上压出小熊图样，切取衣服形状，再贴到饼干上。

3 用融化的白巧克力画上纽扣、苦甜巧克力画上面部细节即可。

彩球饼干

1 用圆形模型在香草面团上压出图样，排在烤盘上，放入烤箱，以上火180℃ / 下火180℃，烤焙15～20分钟，出炉放凉。

2 融化的草莓巧克力或粉红色意大利蛋白糖霜装在三角袋中，用剪刀剪一个小洞，在饼干上画出风车形。

3 用融化的白巧克力或白色意大利蛋白糖霜填满空隙，凝固即可。

双栖爱心鸟饼干

[材料]

香草面团	适量（做法见P.37）	苦甜巧克力	适量
粉红色翻糖	适量（做法见P.14）	草莓巧克力	适量
蓝色翻糖	适量（做法见P.14）	※饼干面团厚度0.5cm。	

[做法]

1 用模型在香草面团上压出心形，排在烤盘上，放入烤箱，以上火180℃ / 下火180℃，烤焙15～20分钟，出炉放凉。

2 粉红色翻糖和蓝色翻糖并排，擀成厚度0.2cm。

3 用模型于两色翻糖片交接处，压出心形。

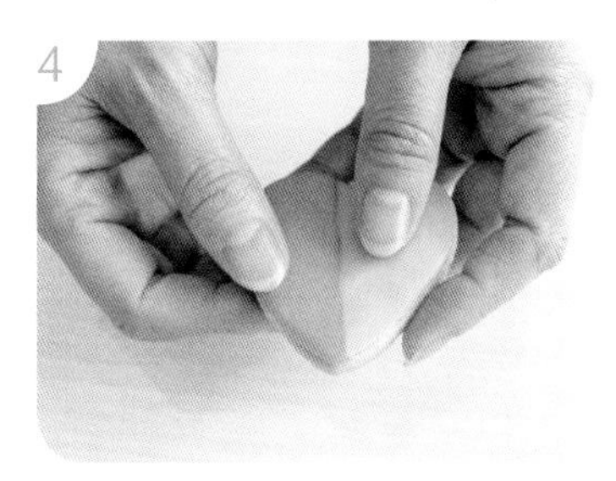

4 将双色心形翻糖片贴在饼干上，压合。

5 用融化的苦甜巧克力和草莓巧克力画出细节即可。

最佳赏味
常温 14 天
弥月娃娃饼干

[材料]

香草面团	适量（做法见P.37）	彩色糖珠	少许
各色翻糖片	适量（做法见P.14）		
苦甜巧克力	适量		
草莓巧克力	适量		

※饼干面团厚度0.5cm。

※翻糖片厚度0.2cm。

[做法]

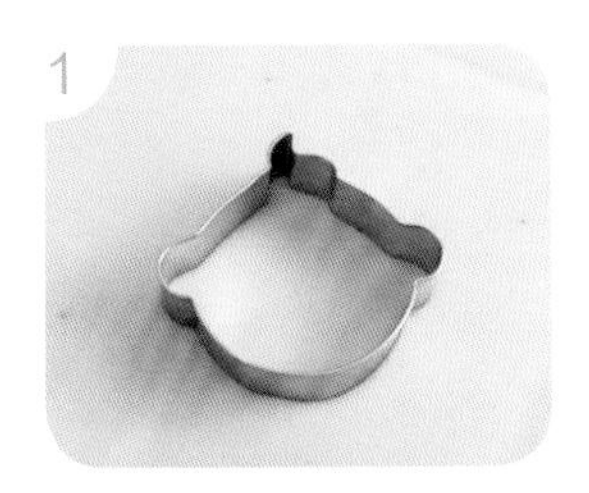

1. 用模型在香草面团上压出娃娃头的图样，排在烤盘上，放入烤箱，以上火180℃ / 下火180℃，烤焙15～20分钟，出炉放凉。

2. 用模型在肤色翻糖片上压出娃娃头图样，粘贴于饼干上。

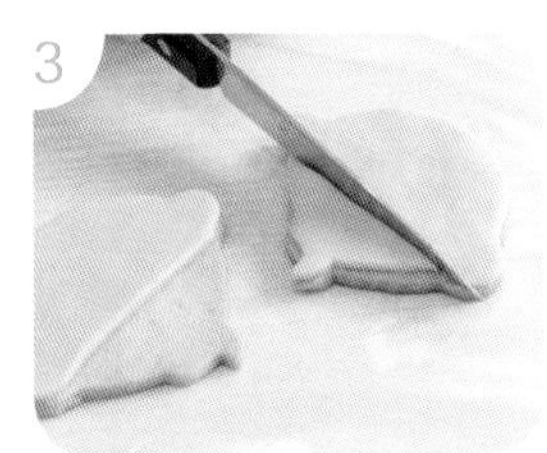

3. 用刀切除上方三角区域的翻糖片。

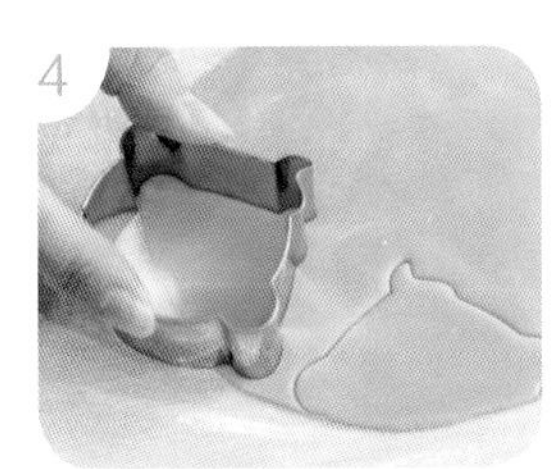

4. 用模型的上半部在蓝色翻糖片上压取帽子图样。

5. 裁取适当大小，再粘贴于饼干上。

6. 再切取一长条形当作帽子的边沿，粘贴于饼干上，按压出纹路。

7. 揉一小圆球当作帽顶。

8. 将肤色翻糖粘贴于耳朵部位，并按压出立体感。

9. 用融化的苦甜巧克力画上头发，细微处用牙签推移，填满缝隙。

10. 用融化的苦甜巧克力画出面部细节，用融化的草莓巧克力画出腮红。

11. 用肤色翻糖揉一小圆球，当作鼻子粘贴在相应位置。

12. 用翻糖片压出小花，粘贴于帽子上，以彩色糖珠装饰即可。

最佳赏味
常温 14 天

留言板饼干

[材料]

香草面团　适量（做法见P.37）
各色翻糖片　适量（做法见P.14）
银色糖珠　适量
各色巧克力　适量

※饼干面团厚度0.5cm。

※翻糖片厚度0.2cm。

[做法]

1

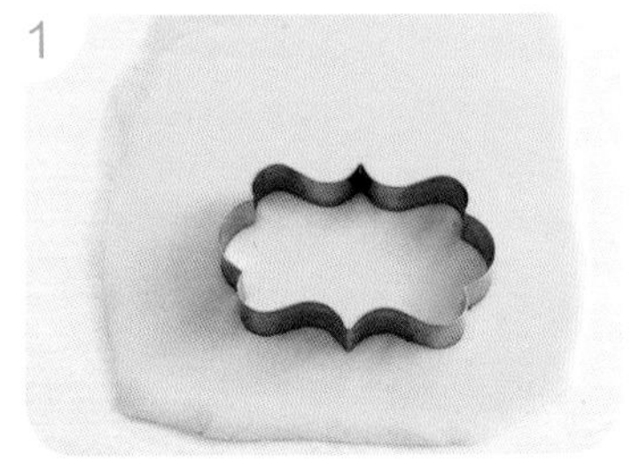

用留言板模型在香草面团上压出图样，排在烤盘上，放入烤箱，以上火180℃ / 下火180℃，烤焙15～20分钟，出炉放凉。

2

用留言板模型在翻糖片上压出图样。

3

把翻糖片粘贴在饼干上。

4

以压模做出翻糖小花，压粘在留言板上，再以镊子压入银色糖珠。

5

花朵中心挤入各色融化的巧克力，当作花蕊。

6

用融化的苦甜巧克力写上文字即可。

最佳赏味
常温 14 天

甜点造型饼干×4款

[材料]

香草面团	适量（做法见P.37）
各色巧克力	适量
各色意大利蛋白糖霜	适量（做法见P.12）
珍珠色糖珠	适量
彩色糖珠	适量

※饼干面团厚度0.5cm。

[做法]

甜筒饼干

1 用冰淇淋模型在香草面团上压出图样。排在烤盘上，放入烤箱，以上火180℃ / 下火180℃，烤焙12～15分钟，出炉放凉。

2 中间填上融化的草莓巧克力或粉红色意大利蛋白糖霜。

3 撒上珍珠色糖珠，等待凝固。

4 上方填上融化的牛奶巧克力（或黄色意大利蛋白糖霜）。

5 撒上彩色糖珠。

6 下方用融化的苦甜巧克力画上纹路即可。

[材料]

香草面团	适量（做法见P.37）	各色意大利蛋白糖霜	适量（做法见P.12）
各色翻糖片	适量（做法见P.14）	彩色糖珠	适量
各色巧克力	适量		

※饼干面团厚度0.5cm。

※翻糖片厚度0.2cm。

[做法]

糖果饼干

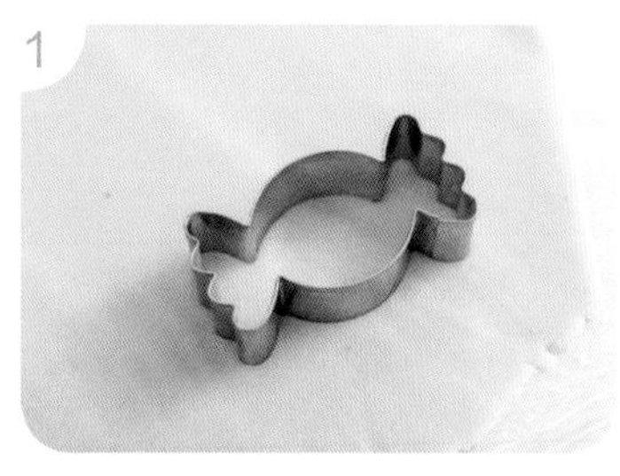

1 用糖果模型在香草面团上压出图样，排在烤盘上，放入烤箱，以上火180℃ / 下火180℃，烤焙15～20分钟，出炉放凉。

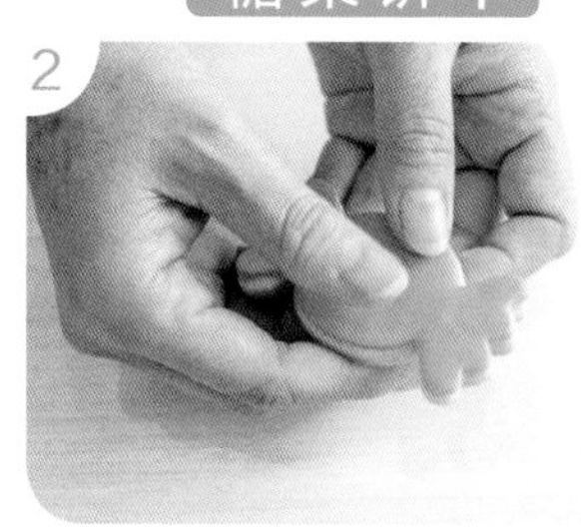

2 用糖果模型在翻糖片上压出图样，粘贴于饼干上。

3 用融化的巧克力或意大利蛋白糖霜绘出图案即可。

冰棒饼干

1 用椭圆模型在香草面团上压出图样。

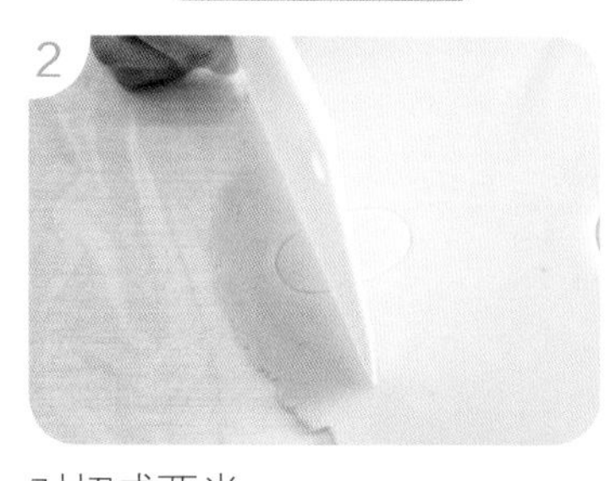

2 对切成两半。

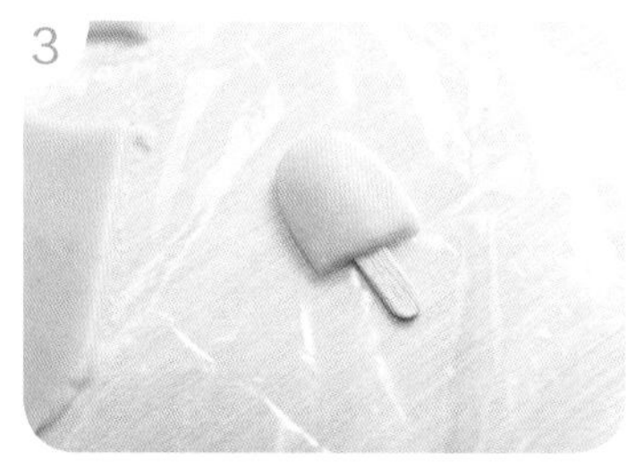

3 叠放在一起，下方垫一根木棍，稍微压合，排在烤盘上，放入烤箱，以上火180℃ / 下火180℃，烤焙15～20分钟，出炉放凉。

4 分别挤上融化的苦甜巧克力和草莓巧克力。

5 撒上彩色糖珠即可。

[材料]

香草面团	适量（做法见P.37）	各色意大利蛋白糖霜	适量（做法见P.12）
各色翻糖片	适量（做法见P.14）	彩色糖珠	适量
各色巧克力	适量		

※饼干面团厚度0.5cm。

※翻糖片厚度0.2cm。

[做法]

杯子蛋糕饼干

1 用留言板模型在香草面团上压出图样。

2 对切成两半，修整成杯子蛋糕造型。排在烤盘上，放入烤箱，以上火180℃ / 下火180℃，烤焙15~20分钟，出炉放凉。

3 用留言板模型在翻糖片上压出图样，再对切成两半。

4 贴合在饼干上，下方修整成波浪形。

5 下方填上融化的巧克力（或意大利蛋白糖霜）。

6 凝固后，用融化的巧克力或意大利蛋白糖霜画出线条。

7 在上方云朵部分，撒上彩色糖珠。

8 用手指将糖珠压入翻糖片固定即可。

蕾丝转印饼干

最佳赏味
常温 14 天

[材料]

香草面团　适量（做法见P.37）
柠檬巧克力　适量
白巧克力　适量
苦甜巧克力　适量
※饼干面团厚度0.5cm。

[做法]

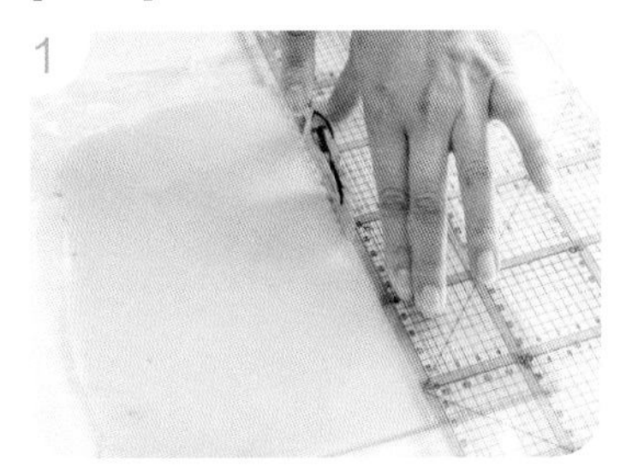
1 用波浪滚刀切割香草面团，分切成4.5cm×6cm的片状。

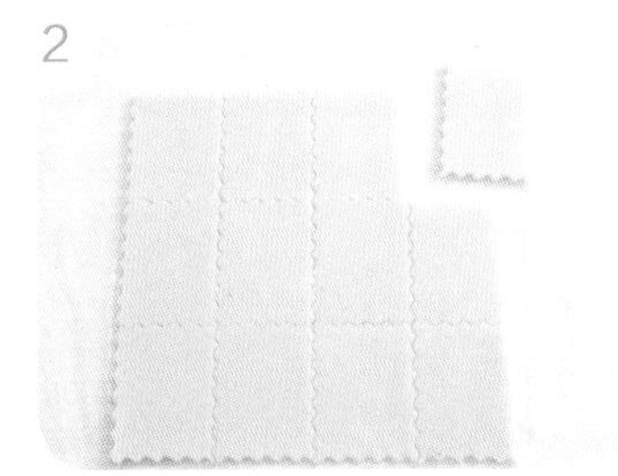
2 取下切割好的波浪面团，排在烤盘上，放入烤箱，以上火180℃/下火180℃，烤焙15~20分钟，出炉放凉。

3 蕾丝硅胶模淋上融化的柠檬巧克力，用刮刀刮平，均匀填满模型缝隙。

4 待柠檬巧克力凝固，再淋上融化的苦甜巧克力，用刮刀刮平，均匀铺满整个模型表面。

5 凝固后，撕开蕾丝硅胶模，即为蕾丝转印巧克力。

6 刀子先用火烤热，将蕾丝转印巧克力分切成比饼干体略小的尺寸。

7 饼干抹上融化的苦甜巧克力。

8 粘贴上蕾丝转印巧克力片。

9 在边缘挤上融化的白巧克力装饰即可。

PART 2

蛋糕篇

本篇章囊括三大蛋糕体：海绵蛋糕、戚风蛋糕以及磅蛋糕，

造型包含基础圆模、杯子蛋糕、蛋糕卷以及环形蛋糕等，

丰富又可爱的装饰变化，让蛋糕更迷人~

黄金海绵杯子蛋糕

模具尺寸 | 直径5cm × 高度4.5cm
制作分量 | 45g × 10个
最佳赏味 | 冷藏4天

[材料]

全蛋 220g
黄金砂糖 90g（或二砂糖）
沙拉油 20g
鲜奶 15g
低筋面粉 110g

[做法]

1 全蛋＋黄金砂糖放入不锈钢盆，隔水加热到40℃。

2 同时用手提电动打蛋器，快速打发4分钟。

3 制成蛋糖糊。

4 沙拉油＋鲜奶混合。

5 先取部分做法3的蛋糖糊与做法4的鲜奶沙拉油混合拌匀。

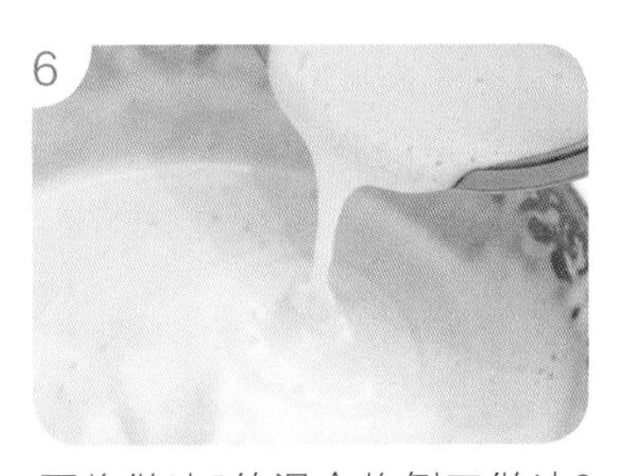

6 再将做法5的混合物倒回做法3的蛋糖糊中，拌匀。

7 加入过筛的低筋面粉。

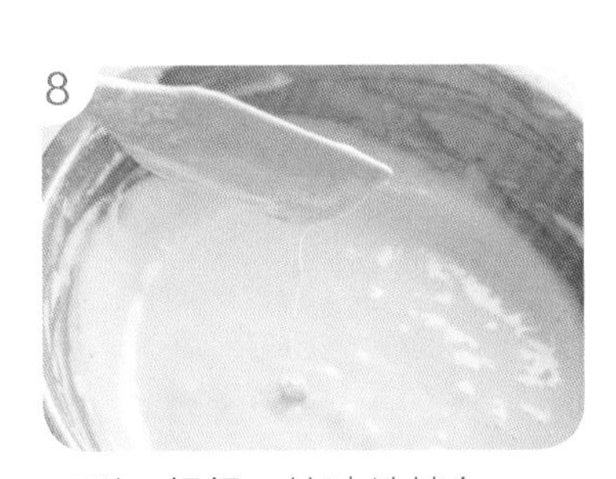

8 用刮刀轻轻、快速地拌匀。

9 将面糊装入烤模，抹平表面，轻敲震出多余空气，放入烤箱，以上火170℃ / 下火170℃，烤焙20分钟，将烤盘调头，再烤3分钟，出炉后倒扣放凉即可。

糖霜狗狗杯子蛋糕

最佳赏味
冷藏 4 天

[材料]

黄金海绵杯子蛋糕（做法见P.71）

苦甜巧克力　适量

意大利蛋白糖霜（浓）　适量（做法见P.12）

食用色素　少许

[做法]

1 苦甜巧克力隔水加热至融化，装在三角袋中，用剪刀在袋子尖端剪一个小洞，在纸上画出眼睛、鼻子，放入冰箱冷藏加速凝固。

2 取部分意大利蛋白浓糖霜以食用色素调出喜欢的狗狗毛色。

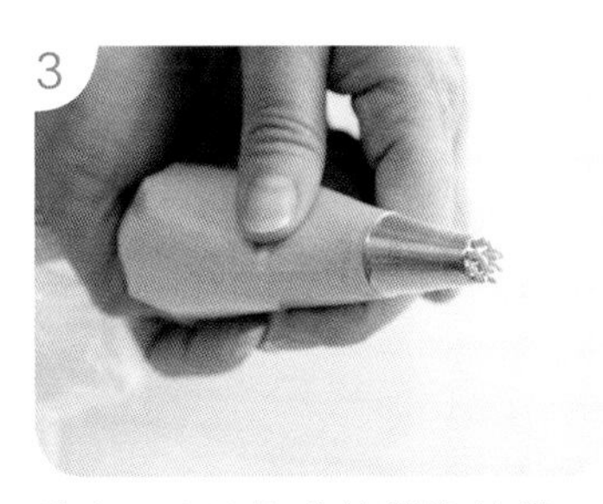

3 装入#133特殊花嘴挤花袋，备用。

4 白色意大利蛋白浓糖霜也装入特殊花嘴挤花袋，在杯子蛋糕外围先挤出一圈。

5 再往里挤一圈。

6 用调好的彩色意大利蛋白浓糖霜挤出耳朵模样。

7 粘贴上做法1中凝固的巧克力片。

8 用白色浓糖霜挤出立体的头部与嘴部。

9 再点上水汪汪的眼珠增加萌感即可。

棉花糖杯子蛋糕

模具尺寸 | 宽度5cm × 高度5cm
制作分量 | 65g × 6个
最佳赏味 | 冷藏4天

[材料]

材料	用量	材料	用量
白巧克力	30g	全蛋	35g
沙拉油	40g	蛋黄	50g
低筋面粉	60g	蛋白	100g
鲜奶	35g	细砂糖	50g

[做法]

1 白巧克力放入不锈钢盆，隔水加热至融化。

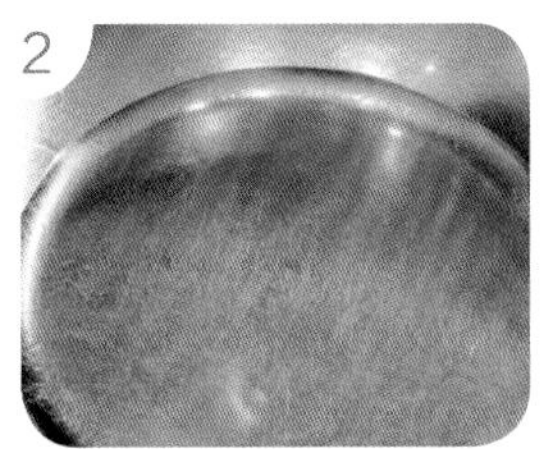

2 沙拉油放到不锈钢盆中，上炉，以中火加热至产生油纹。

3 不熄火，马上倒入过筛的低筋面粉。

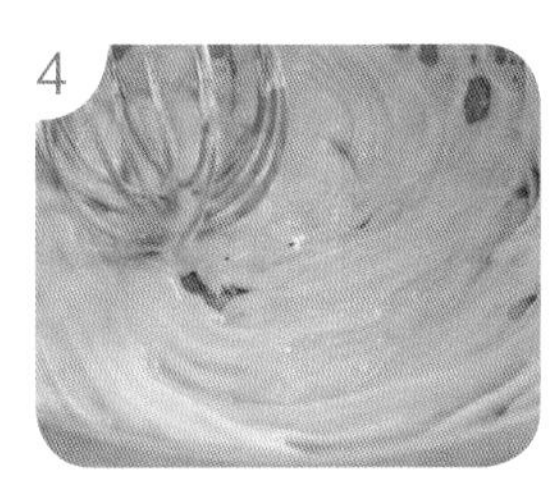

4 用打蛋器快速搅匀，加热20秒。

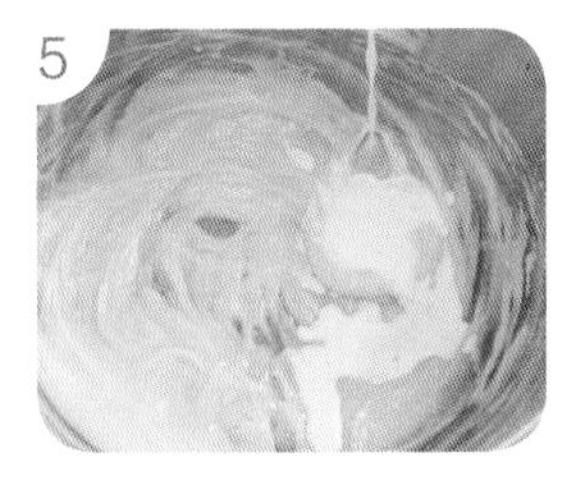

5 熄火，离炉，加入鲜奶，用打蛋器搅匀。

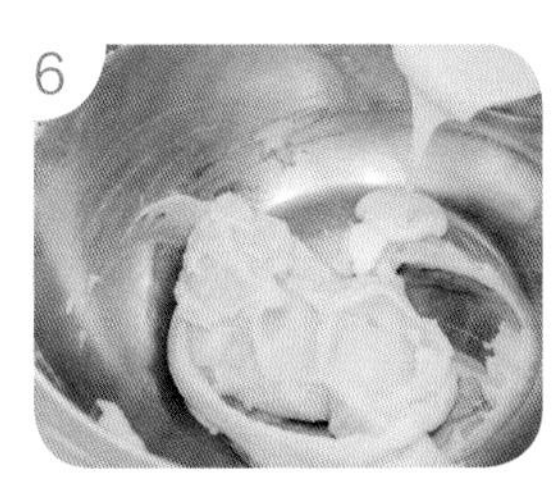

6 加入做法1融化的白巧克力，用打蛋器搅匀。

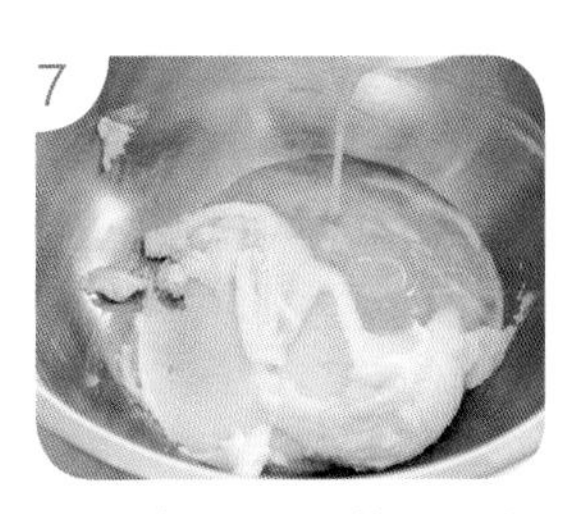

7 加入全蛋和蛋黄，用打蛋器搅匀。

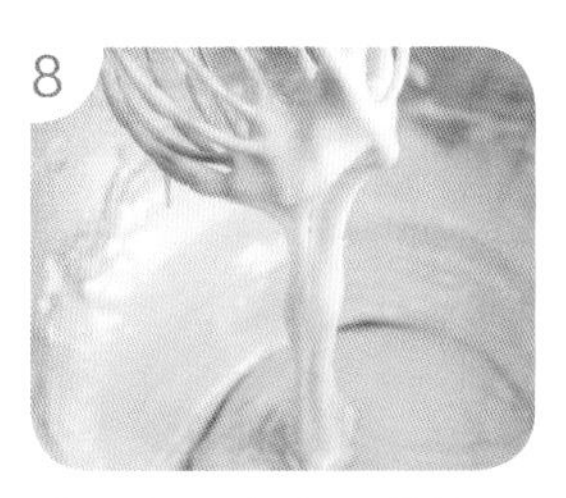

8 此即白巧克力蛋黄糊。

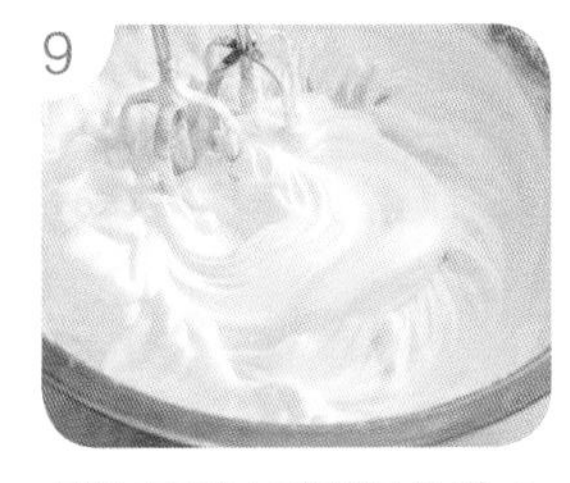

9 另取干净不锈钢盆放入蛋白，持手提电动打蛋器，以同方向最快速打发，分2次加入细砂糖，打至湿性发泡九分发。

10 取1/2做法9打发的蛋白，加到做法8的白巧克力蛋黄糊中，用刮刀轻轻、快速地拌匀。

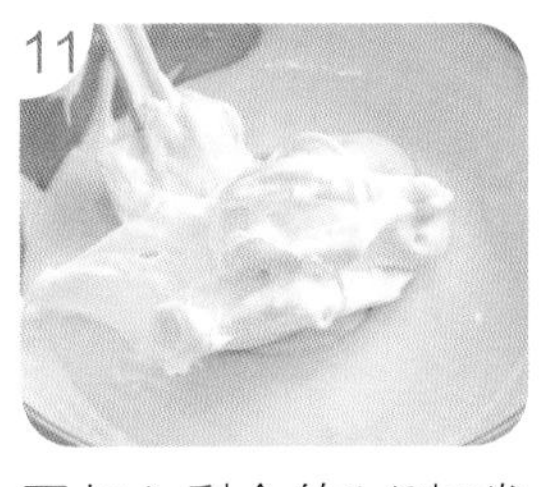

11 再加入剩余的1/2打发蛋白，一样用刮刀轻轻、快速地拌匀。

12 将面糊装入烤模，抹平表面，轻敲震出多余的空气，放入烤箱，以上火180℃/下火160℃，烤焙25分钟，出炉，倒扣放凉即可。

制作分量 | 130g × 3个
最佳赏味 | 冷藏4天

4英寸水果棉花糖蛋糕

[材料]

A蛋糕体

白巧克力30g、沙拉油40g、低筋面粉60g、鲜奶35g、全蛋35g、蛋黄50g、蛋白100g、细砂糖50g

B装饰

打发动物性鲜奶油适量、蓝莓果酱适量、蛋糕围边3片、草莓适量、蓝莓适量、薄荷叶适量

[做法]

1 **蛋糕体：**面糊做法见P.75步骤1～11，将面糊装入4英寸活动烤模，用汤匙轻搅，以释出多余的空气，抹平，轻敲震出空气。

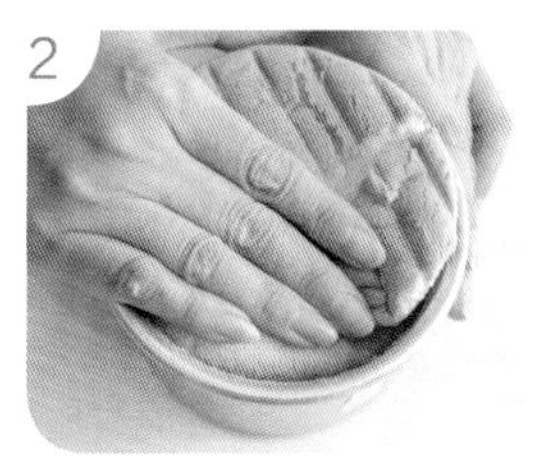

2 放入烤箱，以上火180℃/下火160℃，烤焙28～30分钟，出炉，倒扣放凉。轻压蛋糕体表面，使之与烤模分离。

3 取出蛋糕体后，再用手轻轻将烤模底盘与蛋糕分离。

4 将蛋糕体比较粗糙的上下边缘剪掉。

5 蛋糕体倒扣，用锯齿刀把蛋糕横切成上下两块。

6 蛋糕中间抹上蓝莓果酱，再把上下两部分叠放在一起。

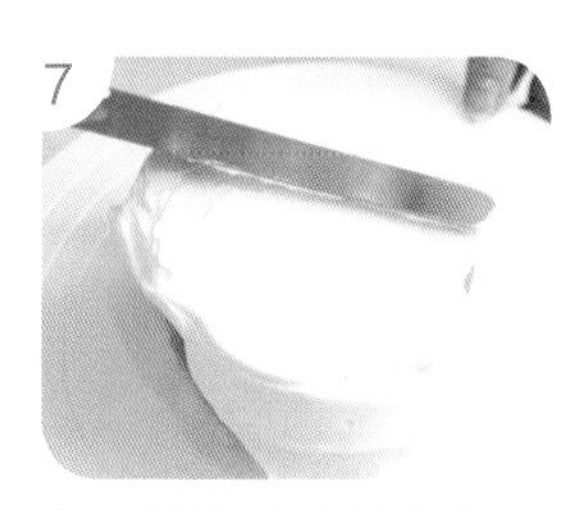

7 将蛋糕体放在转台上，取适量打发动物性鲜奶油，用抹刀抹到蛋糕体表面。

8 再抹蛋糕体侧面。

9 一边转转台，一边用抹刀推平鲜奶油。

10 修饰平整后，移至盘中，侧面贴上一圈蛋糕围边装饰。

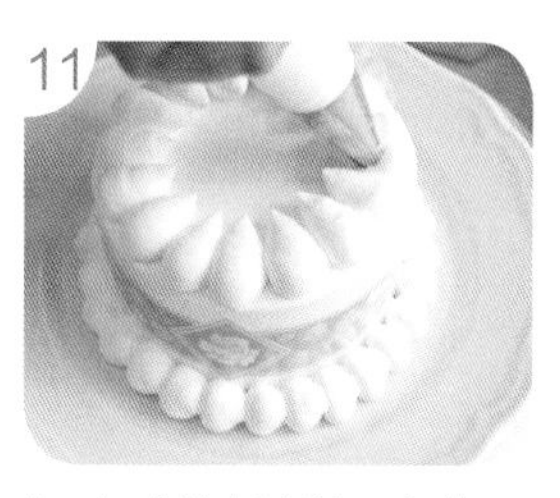

11 打发动物性鲜奶油装入挤花袋，用花嘴在底侧与表面挤上图案。

12 放上草莓、蓝莓，点缀薄荷叶装饰即可。

最佳赏味
冷藏 4 天

草莓棉花糖蛋糕

[材料]

棉花糖杯子蛋糕（做法见P.75）		草莓	适量
打发动物性鲜奶油	适量	防潮糖粉	少许

[做法]

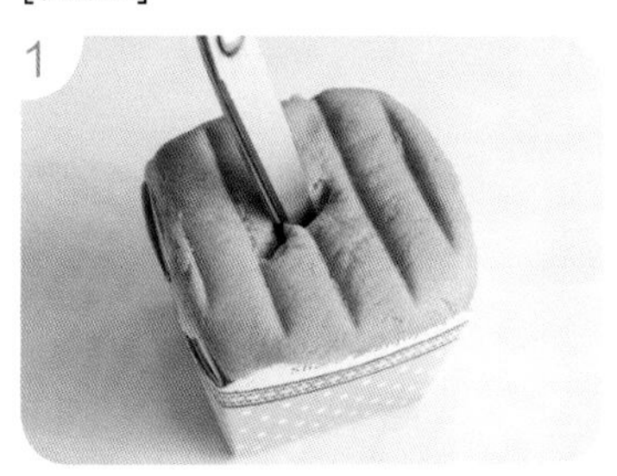
1 用剪刀在蛋糕中心剪一个洞。

2 打发动物性鲜奶油装入挤花袋，从中心灌入鲜奶油。

3 表面挤上一坨鲜奶油。

4 撒上防潮糖粉。

5 草莓用刀切成片状，但蒂头处不切断。

6 将草莓摆在蛋糕上，把最下面一片草莓翻过来即可，这样更美观。

巧克力海绵杯子蛋糕

模具尺寸 | 直径5cm × 高度4.5cm
制作分量 | 45g × 10个
最佳赏味 | 冷藏4天

[材料]

沙拉油	20g	全蛋	210g
热水	35g	细砂糖	100g
可可粉	25g	低筋面粉	90g

[做法]

1 沙拉油＋热水＋过筛的可可粉，混合拌匀。

2 拌匀成可可糊，以隔热水方式保温，备用。

3 另取一个不锈钢盆，加入全蛋＋细砂糖。

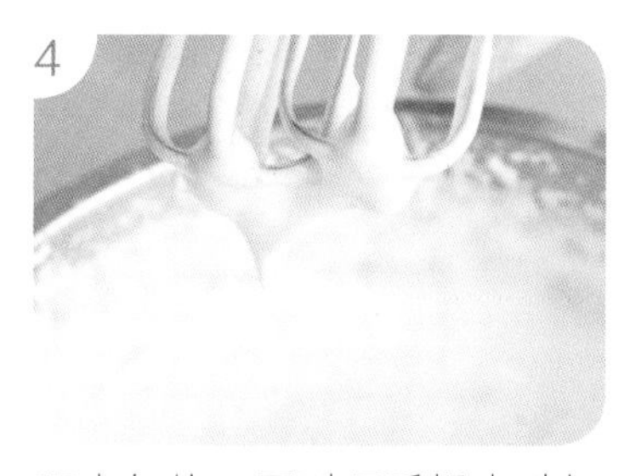

4 隔水加热，同时用手提电动打蛋器快速打发4分钟，至蛋糊加热到40℃。

5 加入过筛的低筋面粉，拌匀。

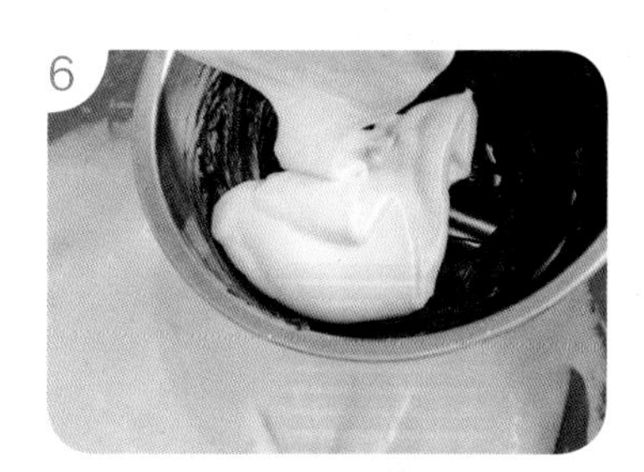

6 先取部分做法5的面糊，与做法2的可可糊混合拌匀。

7 将做法6的面糊倒回做法5的面糊中。

8 混合拌匀成巧克力面糊。

9 将巧克力面糊装入烤模，放入烤箱，以上火170℃ / 下火170℃，烤焙18分钟，将烤盘调头，再烤4分钟，出炉，倒扣放凉即可。

麋鹿杯子蛋糕

最佳赏味
冷藏4天

[材料]

巧克力海绵杯子蛋糕	10个（做法见P.81）
苦甜巧克力	适量
白巧克力	适量
粉红色翻糖片	适量（做法见P.14）
红色翻糖片	适量（做法见P.14）
德国扭结饼干	20片

※翻糖片厚度0.2cm。

[做法]

1 苦甜巧克力隔水加热融化，刷在蛋糕表面。

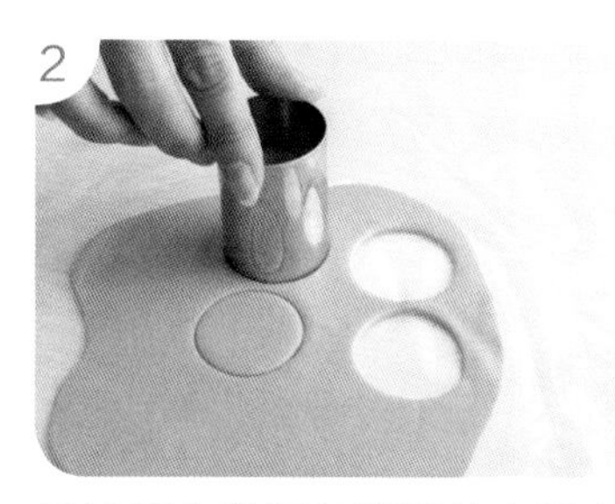

2 用圆模在粉红色翻糖片上压出大圆；另取小圆模在红色翻糖片上压出小圆。

3 将翻糖圆片粘贴在蛋糕表面。

4 粘贴2片扭结饼干当作鹿角。

5 用融化的白巧克力画上眼睛。

6 再用融化的苦甜巧克力点上眼珠即可。

北极熊脚印杯子蛋糕

[材料]

巧克力海绵杯子蛋糕（做法见P.81）、苦甜巧克力适量、镜面果胶适量、椰子粉适量、意大利蛋白糖霜少许（做法见P.12）

[做法]

1 苦甜巧克力隔水加热融化，装入三角袋，用剪刀把袋尖剪一个小洞，在纸上画出脚印图案，放入冰箱冷藏，加速凝固。

2 蛋糕表面刷上镜面果胶。

3 均匀撒上椰子粉。

4 以意大利蛋白糖霜作为黏着剂，贴上脚印巧克力片即可。

小花园海绵蛋糕

[材料]

黄金海绵杯子蛋糕（做法见P.71）、打发动物性鲜奶油适量、绿色食用色素少许、各色翻糖片适量（做法见P.14）、彩色糖珠适量

※翻糖片厚度0.2cm。

[做法]

1 打发动物性鲜奶油以少许绿色食用色素调色，装入#133特殊花嘴挤花袋 ，在蛋糕表面挤出草丛状。

2 用花朵模型在翻糖片上压出小花。

3 贴上各色翻糖花朵，再撒上彩色糖珠即可。

大理石杯子磅蛋糕

模具尺寸 | **直径5cm × 高度4.5cm**
制作分量 | **70g × 10个**
最佳赏味 | **冷藏4天**

[材料]

无盐奶油	165g	柠檬皮	1/2颗
糖粉	165g	柳橙皮	1/2颗
全蛋	140g	鲜奶	40g
低筋面粉	165g	可可粉	15g
泡打粉	4g		

[做法]

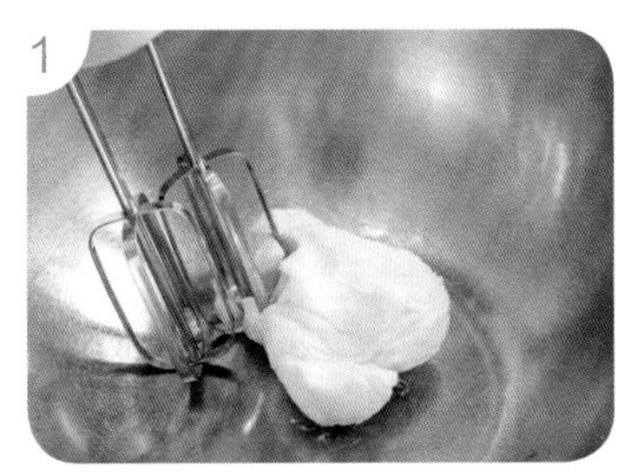

1 无盐奶油回软，用手提电动打蛋器打软1分钟。

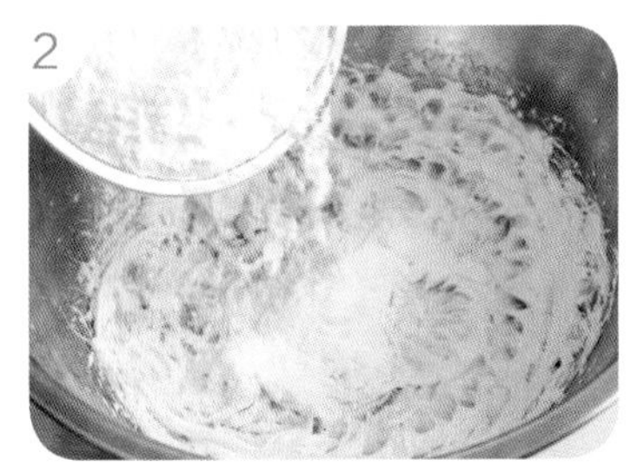

2 加入过筛糖粉，用刮刀拌匀，再用手提电动打蛋器打发3分钟至颜色变白。

3 分次加入全蛋，打匀，再用手提电动打蛋器打发3分钟。

4 加入过筛的低筋面粉、泡打粉，用刮刀拌匀。

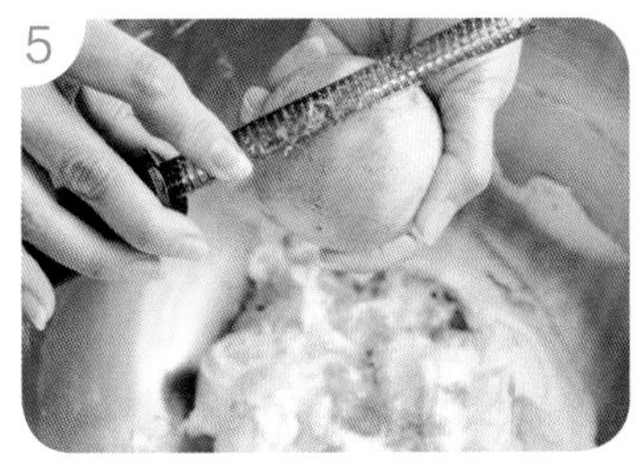

5 将做法4拌好的面糊分成2份，第1份加入刨丝的柠檬皮与柳橙皮，即为水果面糊。

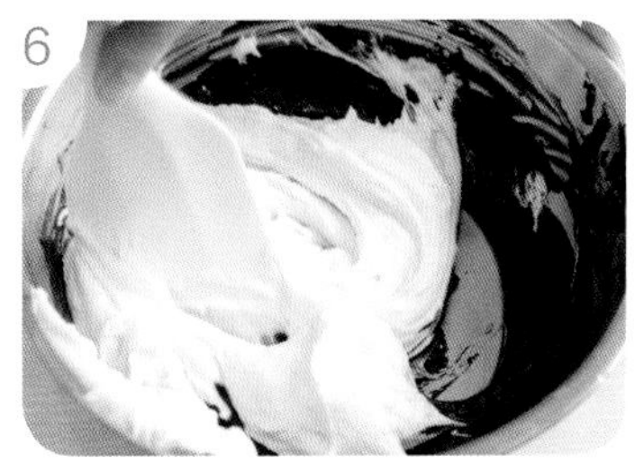

6 鲜奶+过筛的可可粉，拌匀，加到第2份面糊中，拌匀即为可可面糊。

7 将做法6的可可面糊加到做法5的水果面糊中。

8 轻轻拌两下，呈现双色大理石纹路（注意不可拌太均匀，否则纹路会不明显）。

9 将大理石面糊装入烤模，放入烤箱，以上火170℃ / 下火170℃，烤焙28分钟，出炉，放凉即可。

最佳赏味
冷藏 4 天

动物好朋友翻糖杯子蛋糕

[材料]

材料	用量
大理石杯子磅蛋糕（做法见P.87）	
奶油霜	100g（做法见P.13）
棕色意大利蛋白糖霜（浓）	适量（做法见P.12）
黄色翻糖片	适量（做法见P.14）
白色翻糖片	适量（做法见P.14）
粉红色翻糖片	适量（做法见P.14）
红色翻糖片	适量（做法见P.14）
苦甜巧克力	适量

※翻糖片厚度0.2cm。

[做法]

狮子

1
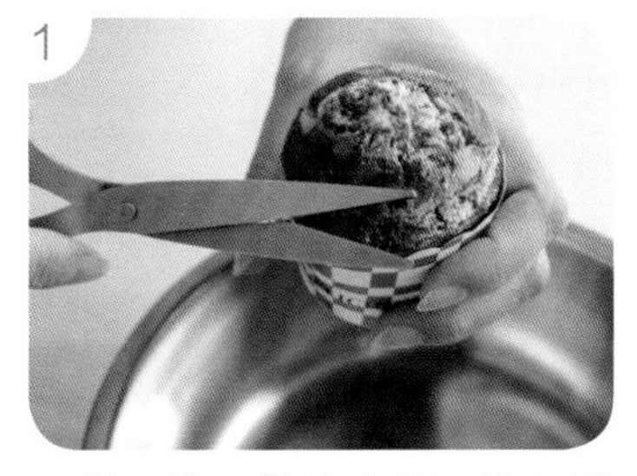
蛋糕用剪刀修饰表面，使之呈半球形。

2

蛋糕表面刷上奶油霜。

3
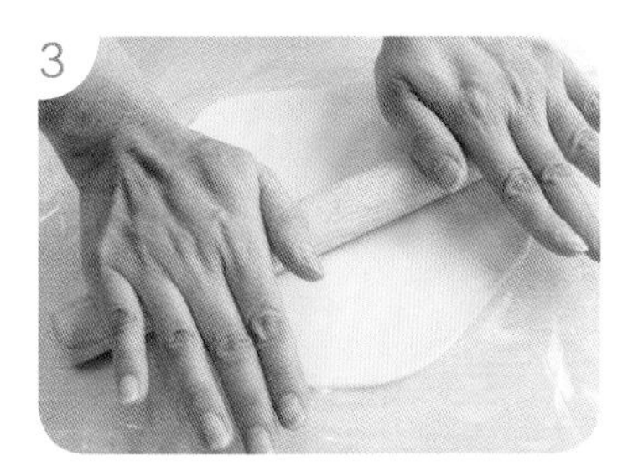
黄色翻糖擀成厚度0.2cm的片。

4
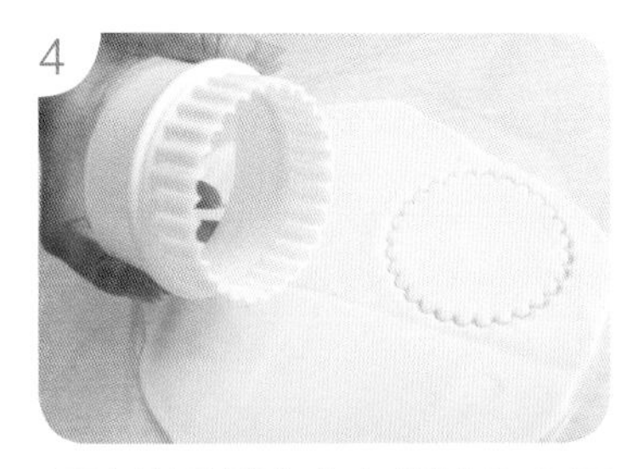
用波浪圆模在黄色翻糖片上压出波浪圆片（圆片大小应与蛋糕体的半球面匹配）。

5

将翻糖片贴于蛋糕表面。

6

用手轻轻压紧四边，使之粘合。

7

沿着边缘挤上一圈棕色浓糖霜。

8

贴上白色水滴状翻糖片。

9

再用融化的苦甜巧克力画上面部细节即可。

[做法]

粉红猪

1 蛋糕用剪刀修饰表面，使之呈半球形，抹上奶油霜。

2 贴上粉红色波浪圆形翻糖片，并用手轻轻压紧四边，粘合。

3 贴上椭圆形粉红色翻糖片，并压出两个小洞，当作猪鼻子。

4 用翻糖捏两个小耳朵，粘上。

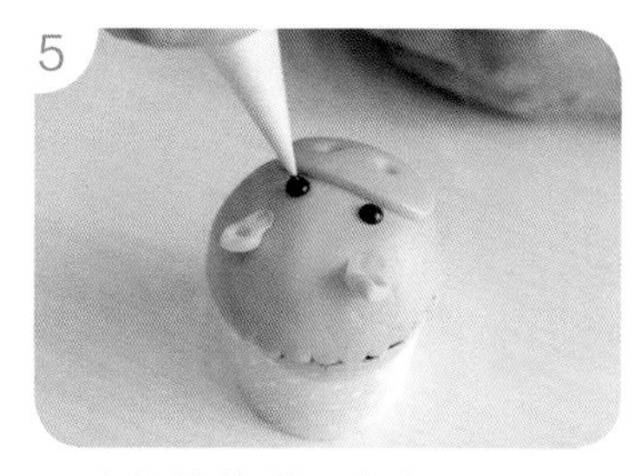

5 用融化的苦甜巧克力画眼睛。

6 最后粘上红色小圆翻糖，当作腮红即可。

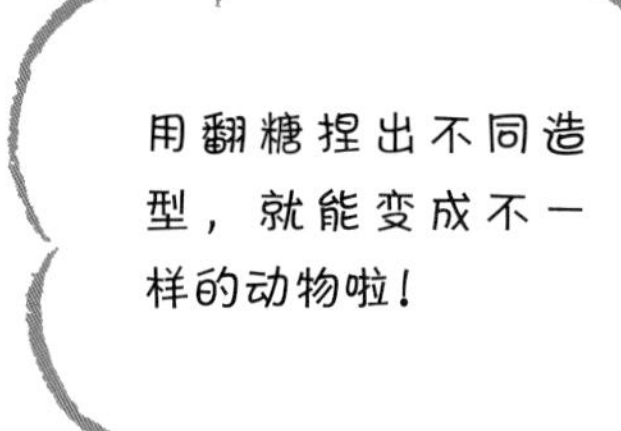

巧克力戚风蛋糕
猫头鹰蛋糕

最佳赏味
冷藏 4 天

最佳赏味
冷藏4天

香蕉巧克力恶魔蛋糕

[材料]

4英寸巧克力戚风蛋糕	1个（做法见P.92）
打发动物性鲜奶油	100g
香蕉	1根
巧克力饼干粉	30g

[做法]

1 用剪刀将蛋糕体比较粗糙的上下边缘剪掉。

2 将蛋糕放在转台上，用刀横切成上下两块。

3 中间抹上打发动物性鲜奶油。

4 香蕉切片，铺满在鲜奶油上。

5 再抹一层打发动物性鲜奶油。

6 叠上另一片蛋糕体，顶面挤上打发动物性鲜奶油。

7 用汤匙刮出纹路。

8 中间撒上巧克力饼干粉即可。

伯爵茶磅蛋糕 橘香磅蛋糕

模具尺寸×制作数量
直径7cm环形模×6个

伯爵茶磅蛋糕

[材料]

伯爵茶叶	8g
鲜奶	20g
无盐奶油	90g
低筋面粉	110g
泡打粉	2g
糖粉	90g
全蛋	90g

[做法]

1 伯爵茶叶用研磨器磨成伯爵茶粉。

2 将伯爵茶粉加到鲜奶中，浸泡约30分钟，让味道释出。

3 无盐奶油放入不锈钢盆，倒入已过筛的低筋面粉＋泡打粉。

4 用手提电动打蛋器慢速搅拌1分钟，转中速搅拌3分钟。

5 加入过筛糖粉，先用刮刀拌匀，再以手提电动打蛋器慢速搅拌1分钟，转中速搅拌3分钟。

6 分次加入全蛋，用中速搅拌3分钟。

7 拌匀成无颗粒状。

8 加入做法2的伯爵茶粉鲜奶糊。

9 用刮刀拌匀，制成伯爵茶面糊。

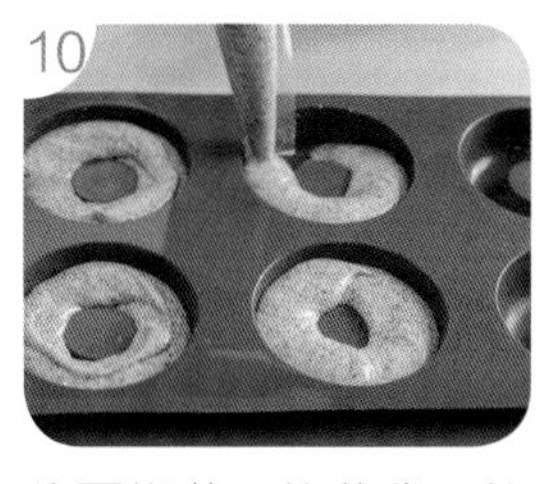

10 将面糊装入挤花袋，挤在环形模里约八分满。

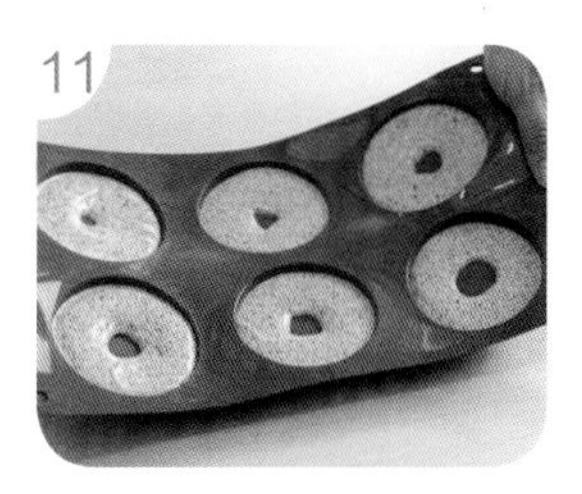

11 敲平，放入烤箱，以上火170℃ / 下火170℃，烤焙15分钟，将烤盘调头，再烤7分钟，出炉，倒扣放凉即可。

模具尺寸×制作数量
直径7cm环形模×6个

橘香磅蛋糕

[材料]

无盐奶油	70g	全蛋	55g	泡打粉	5g
细砂糖	60g	芒果果泥	30g	法式橘皮丁	50g
盐	1g	低筋面粉	105g		

[做法]

1 无盐奶油放入不锈钢盆，隔水加热至融化。

2 离炉，加入细砂糖＋盐，用打蛋器搅匀。

3 加入全蛋，用打蛋器搅匀。

4 再加入芒果果泥，用打蛋器搅拌均匀。

5 倒入过筛的低筋面粉＋泡打粉，用打蛋器搅匀。

6 加入法式橘皮丁，用刮刀拌匀成橘香面糊。

7 将橘香面糊装入挤花袋，方便灌模。

8 挤在环形模里约八分满，轻轻敲平，放入烤箱，以上火170℃／下火170℃，烤焙15分钟，将烤盘调头，再烤7分钟，出炉，倒扣放凉即可。

水果花园磅蛋糕

[材料]

伯爵茶磅蛋糕（做法见P.97）	
打发动物性鲜奶油	适量
草莓	适量
蓝莓	适量
塑形巧克力花	适量
装饰插卡	适量

[做法]

1

磅蛋糕表面挤上打发动物性鲜奶油。

2

摆上草莓块、蓝莓及塑形巧克力花，最后以插卡装饰即可。

彩珠猫咪小熊磅蛋糕

模具尺寸×制作数量
直径7cm环形模×2个

彩珠磅蛋糕

[材料]

橘香磅蛋糕	2个（做法见P.98）
草莓巧克力	125g
柠檬巧克力	125g
彩色糖珠	适量

[做法]

1 用小圆形模将橘香磅蛋糕中间挖空（保留取出的圆形蛋糕，可用于小熊磅蛋糕的制作），放在网架上备用。

2 草莓巧克力隔水加热至融化，淋在半边蛋糕体上。

3 静置，使巧克力凝固。

4 凝固后，另外半边淋上隔水加热融化的柠檬巧克力，再次静置。

5 凝固后，再淋第二次草莓巧克力与柠檬巧克力，让蛋糕表面更光滑。

6 趁凝固前撒上彩色糖珠使之附着，静置凝固即可。

猫咪磅蛋糕

[材料]

橘香磅蛋糕	2个	（做法见P.98）
熟杏仁豆	4颗	
柠檬巧克力	250g	
苦甜巧克力	30g	

[做法]

1

用小圆形模将橘香磅蛋糕中间挖空（取出的圆形蛋糕，可保留用于制作小熊磅蛋糕）。

2

把熟杏仁插在蛋糕上，做成耳朵。

3

放在网架上，淋上隔水加热融化的柠檬巧克力，静置至凝固，再淋第二次。

4

凝固后，用融化的苦甜巧克力画出面部细节即可。

模具尺寸 × 制作数量
直径7cm环形模 × 2个

小熊磅蛋糕

[材料]

橘香磅蛋糕	2个（做法见P.98）
白巧克力纽扣	4片
白巧克力	250g
苦甜巧克力	30g
草莓巧克力	30g

[做法]

1 将制作彩珠磅蛋糕或猫咪磅蛋糕时挖出的小圆形蛋糕，压入橘香磅蛋糕中心凹陷处 。

2 将白巧克力纽扣插入蛋糕侧面，当作耳朵，放在网架上。

3 淋上隔水加热融化的白巧克力，静置至凝固。再淋第二次，静置至凝固。

4 用融化的苦甜巧克力画出面部细节；用融化的草莓巧克力画出耳朵、腮红、蝴蝶结即可。

莓果咕咕霍夫磅蛋糕

模具尺寸 | **直径12cm×高度5cm**
制作分量 | **210g×4个**
最佳赏味 | **冷藏4天**

[材料]

A蛋糕体

无盐奶油	250g
细砂糖	125g
盐	3g
全蛋	3颗
草莓果泥	40g
低筋面粉	265g
奶粉	10g
泡打粉	4g

B装饰

白巧克力	适量
草莓干	适量
彩色糖珠	适量

[做法]

1

蛋糕体：无盐奶油室温回软，放入不锈钢盆，用手提电动打蛋器快速打发3分钟。

2
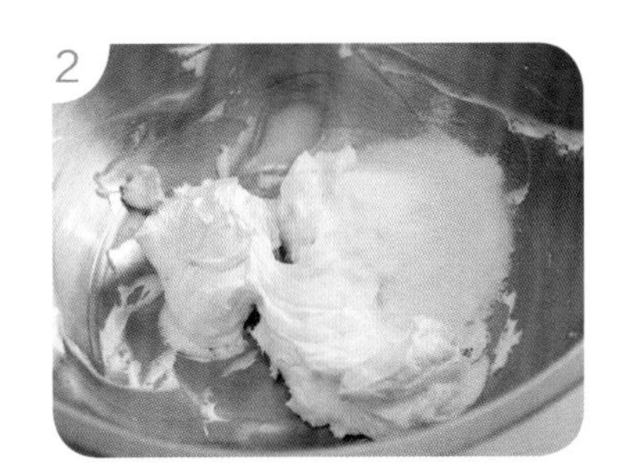

加入细砂糖、盐，用手提电动打蛋器快速打发3分钟。

3

分次加入全蛋，一次加入一颗，用手提电动打蛋器打发3分钟。

4

加入草莓果泥，用手提电动打蛋器打发1分钟。

5

加入过筛的低筋面粉、奶粉、泡打粉。

6

用刮刀拌匀，即为莓果磅蛋糕面糊。

7

将面糊装入烤模约八分满，再抹平表面，放进烤箱，以上火170℃ / 下火170℃，烤焙22～25分钟，出炉，倒扣在网架上。

8

装饰：蛋糕冷却后，淋上融化的白巧克力。

9

趁凝固前，撒上切碎的草莓干与彩色糖珠即可。

模具尺寸 | 10cm × 5.6cm × 3.5cm
制作分量 | 135g × 6个
最佳赏味 | 冷藏4天

草莓花朵磅蛋糕

[材料]

A蛋糕体

材料	用量	材料	用量
无盐奶油	250g	草莓果泥	40g
细砂糖	125g	低筋面粉	265g
盐	3g	奶粉	10g
全蛋	3颗	泡打粉	4g

B装饰

材料	用量
打发动物性鲜奶油	适量
食用色素	少许
草莓	适量
翻糖花	适量

[做法]

1

蛋糕体：无盐奶油室温回软，放入不锈钢盆，用手提电动打蛋器快速打发3分钟。

2
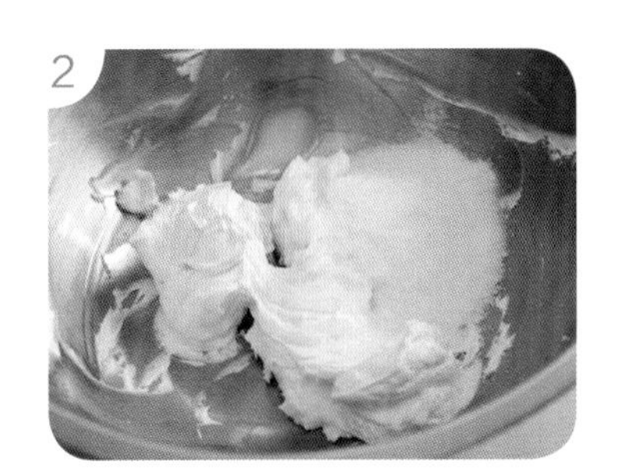

加入细砂糖、盐，用手提电动打蛋器快速打发3分钟。

3

分次加入全蛋，一次加入一颗，用手提电动打蛋器打发3分钟。

4

加入草莓果泥，用手提电动打蛋器打发1分钟。

5

加入过筛的低筋面粉+奶粉+泡打粉，用刮刀拌匀。

6

将面糊装入烤模，约八分满，抹平表面，放进烤箱，以上火170℃／下火170℃，烤焙22～25分钟。

7

装饰：蛋糕脱模冷却后，切除表面突起处，修整成工整的长方梯形。

8
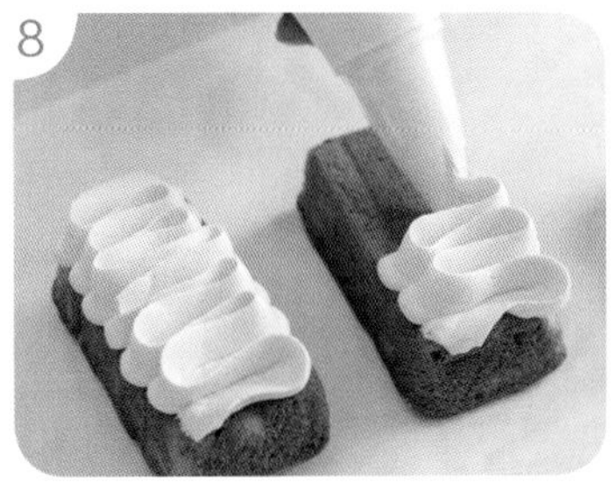

打发动物性鲜奶油加入少许红色食用色素，拌匀，装入#880特殊花嘴挤花袋，以S形挤在蛋糕体上。

9

摆上草莓和翻糖花即可。

综合水果磅蛋糕

模具尺寸 | 10cm × 5.6cm × 3.5cm
制作分量 | 135g × 6个
最佳赏味 | 冷藏4天

[材料]

A蛋糕体

无盐奶油	105g	泡打粉	6g
糖粉	90g	芒果干丁	90g
全蛋	165g	草莓干丁	90g
香草荚酱	1小滴	葡萄干	90g
低筋面粉	150g	兰姆酒	30g

B装饰

镜面果胶	30g
兰姆酒	10g

[做法]

1 **蛋糕体：**葡萄干＋兰姆酒，混合浸泡一天。

2 无盐奶油室温回软，用手提电动打蛋器快速打发3分钟。

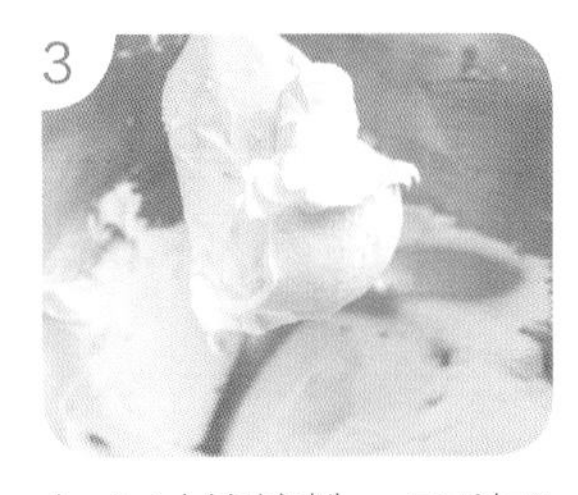

3 加入过筛糖粉，用刮刀拌匀，再用手提电动打蛋器快速打发3分钟。

4 分3次加入全蛋，用手提电动打蛋器快速打发3分钟。

5 加入香草荚酱，用刮刀拌匀。

6 加入过筛的低筋面粉＋泡打粉，用刮刀拌匀。

7 加入切碎的芒果干丁、草莓干丁及做法1的兰姆酒葡萄干。

8 用刮刀拌匀，即为综合水果磅蛋糕面糊。

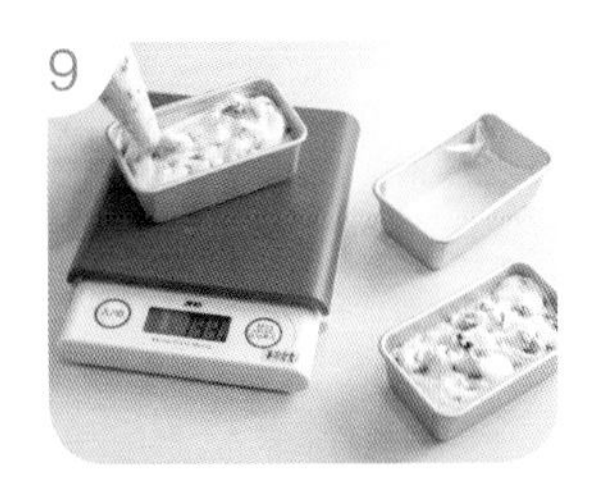

9 将面糊装入挤花袋，挤在烤模内，抹平表面后入炉。

10 以上火170℃／下火170℃，烤焙约8分钟，取出，于表面划一刀。

11 再入炉继续烤焙12～15分钟，出炉，脱模冷却。

12 **装饰：**镜面果胶＋兰姆酒混合均匀，刷在冷却的蛋糕表面即可。

柠檬糖霜磅蛋糕

模具尺寸 | 10cm × 5.6cm × 3.5cm
制作分量 | 135g × 6个
最佳赏味 | 冷藏4天

[材料]

A蛋糕体

无盐奶油180g、盐3g、高筋面粉180g、泡打粉2g、细砂糖170g、全蛋180g、新鲜柠檬汁25g、香草荚酱1小滴、法式橘皮丁70g

B装饰

新鲜柠檬汁20g、糖粉100g、熟杏仁条适量

[做法]

1

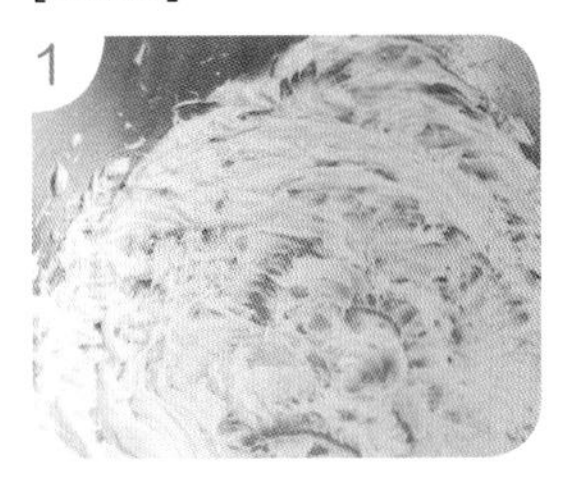

蛋糕体：无盐奶油室温回软，和盐一起放入不锈钢盆，用手提电动打蛋器快速打发3分钟。

2

加入混合过筛的高筋面粉+泡打粉，先用刮刀拌匀。

3

再用手提电动打蛋器快速打发3分钟。

4

加入细砂糖，先用刮刀拌匀。

5

用手提电动打蛋器打发3分钟，再分次加入全蛋。

6

再用手提电动打蛋器快速打发3分钟，拌匀。

7

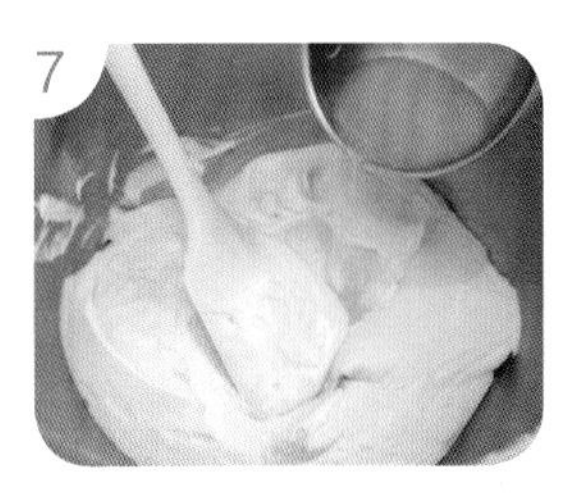

加入柠檬汁后打发，再加入香草荚酱，打发。

8

加入法式橘皮丁，用刮刀拌匀，即为柠檬橘香磅蛋糕面糊。

9

将面糊填入烤模，抹平表面后入炉。

10

以上火170℃/下火170℃，烤焙约8分钟，取出，于表面划一刀，再继续烤焙12~15分钟，出炉，脱模冷却。

11

装饰：新鲜柠檬汁+过筛糖粉，上炉煮到60℃，边煮边搅拌，制成糖霜。

12

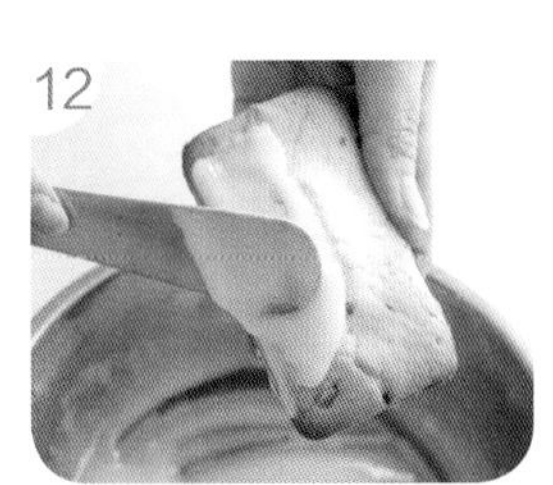

用抹刀把糖霜抹在蛋糕表面，趁干之前撒上熟杏仁条即可。

花生黑枣磅蛋糕

模具尺寸 | 10cm×5.6cm×3.5cm
制作分量 | 140g×6个
最佳赏味 | 冷藏4天

1.烘烤中途可快速取出，于表面划一刀，再入炉继续烤，可防止烤后裂开。
2.如要测试是否已烤熟，烤后可用刀尖刺入蛋糕中心，如刀尖上没有粘面糊就是全熟，即可取出炉脱模放凉。

[材料]

A蛋糕体

无盐奶油	255g
细砂糖	40g
黄金砂糖	90g（或二砂糖）
盐	3g
全蛋	3颗
无糖花生酱	40g
低筋面粉	260g
奶粉	10g
泡打粉	4g
黑枣	6颗

B装饰

镜面果胶	30g
兰姆酒	10g

[做法]

1 **蛋糕体：**无盐奶油室温回软，放入不锈钢盆，用手提电动打蛋器快速打发3分钟。

2 加入细砂糖＋黄金砂糖＋盐。

3 用手提电动打蛋器快速打发3分钟。

4 分3次加入全蛋，用手提电动打蛋器快速打发3分钟。

5 加入无糖花生酱，用手提电动打蛋器打发1分钟。

6 加入过筛的低筋面粉＋奶粉＋泡打粉。

7 用刮刀拌匀，即为花生磅蛋糕面糊。

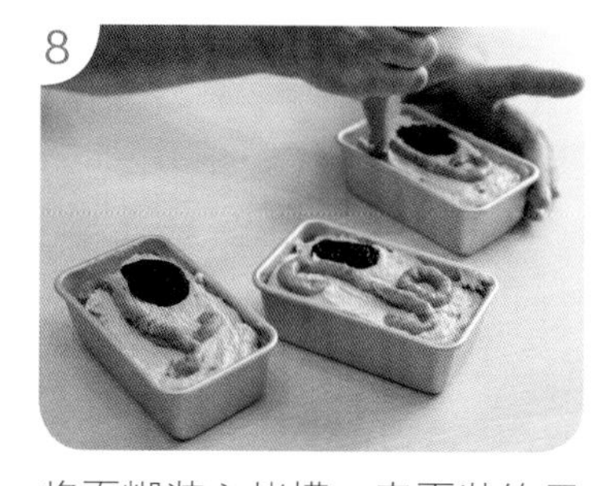

8 将面糊装入烤模，表面装饰黑枣和花生酱（用量没列入上面的材料中），放入烤箱，以上火170℃／下火170℃，烤焙22～25分钟。

9 **装饰：**蛋糕出炉，脱模冷却；镜面果胶＋兰姆酒混合均匀，刷在蛋糕表面即可。

杏仁磅蛋糕派

模具尺寸 | 直径6cm × 高度2.2cm
制作分量 | 70g × 10个
最佳赏味 | 冷藏4天

[材料]

A蛋糕体

无盐奶油180g、盐3g、低筋面粉130g、杏仁粉50g、泡打粉2g、糖粉150g、全蛋180g、香草荚酱1小滴、杏仁片适量、回软奶油适量

B装饰

镜面果胶30g、兰姆酒10g

[做法]

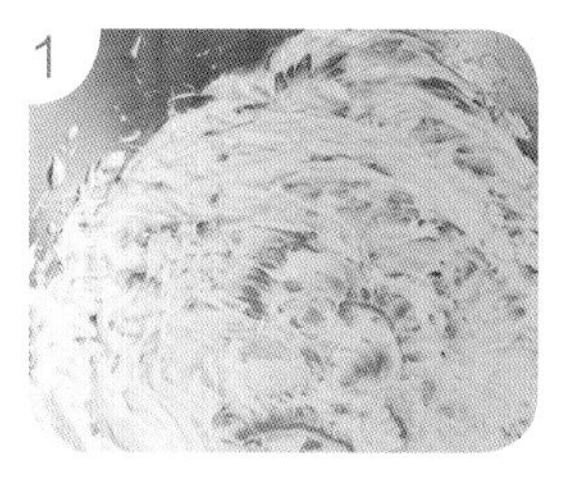

1 **蛋糕体：**无盐奶油室温回软，和盐一起放入不锈钢盆，用手提电动打蛋器快速打发3分钟。

2 加入过筛低筋面粉＋杏仁粉＋泡打粉，用刮刀拌匀，再用手提电动打蛋器快速打发3分钟。

3 加入过筛糖粉，用刮刀拌匀，再用手提电动打蛋器打发3分钟。

4 全蛋＋香草荚酱，拌匀，分次倒进做法3的面糊中，拌匀。

5 用手提电动打蛋器快速打发3分钟，即为杏仁磅蛋糕面糊。

6 烤模刷上回软奶油。

7 杏仁片捏碎。

8 在烤模中均匀撒上杏仁碎片。将剩余的杏仁碎片烤熟备用。

9 将面糊装入挤花袋，挤在烤模里，放入烤箱，以上火170℃ / 下火170℃，烤焙18～22分钟，出炉，脱模冷却。

10 **装饰：**镜面果胶＋兰姆酒混合均匀。

11 蛋糕底部有杏仁碎片那面朝上，刷上做法10调匀的兰姆果胶。

12 撒上熟杏仁碎片即可。

制作分量 | 34cm × 24cm × 1盘（2卷）
最佳赏味 | 冷藏4天

红丝绒蛋糕卷

[材料]

A蛋糕体

沙拉油	45g	盐	1g
蛋黄	90g	蛋白	175g
覆盆子果泥	120g	细砂糖B	90g
低筋面粉	120g	塔塔粉	1g
泡打粉	3g	巧克力酱	10g
甜菜根粉	12g	**B内馅**	
细砂糖A	35g	打发动物性鲜奶油	100g

[做法]

1

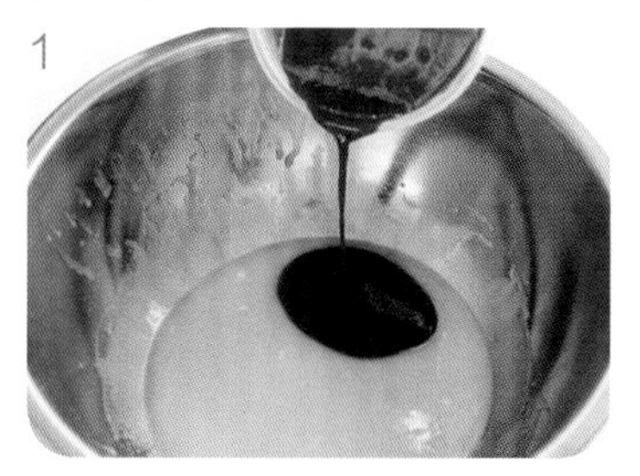

沙拉油+蛋黄+覆盆子果泥，装入不锈钢盆，用打蛋器拌匀。

2

低筋面粉+泡打粉+甜菜根粉，一起筛入做法1的不锈钢盆，拌匀。

3

加入细砂糖A+盐，用打蛋器搅匀至砂糖化开。

4

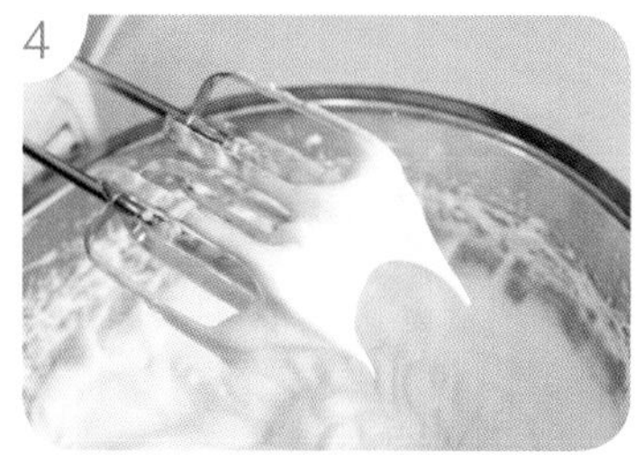

另取一盆，加入蛋白，打出许多大泡泡，分2次加入细砂糖B，用手提电动打蛋器以同方向最快速打至湿性发泡九分发。

5

取做法4的打发蛋白，分2次加到做法3的甜菜根面糊中。

6

用刮刀拌匀成红丝绒面糊。

7 取少许做法6的红丝绒面糊，加入巧克力酱，拌匀成巧克力面糊，装入挤花袋。

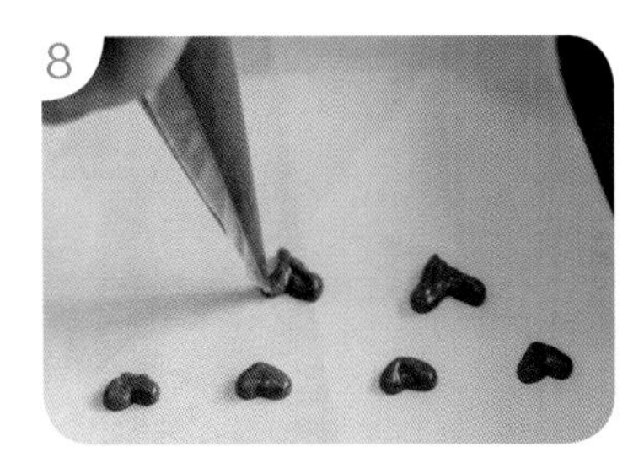

8 烤盘铺上白报纸，用做法7的巧克力面糊挤上小爱心或圆点。

9 放入烤箱，以上火180℃/下火140℃，烤焙2～3分钟，使巧克力面糊凝固，整盘取出，放凉。

10 将做法6的红丝绒面糊分装入小杯模（40g×8杯）。

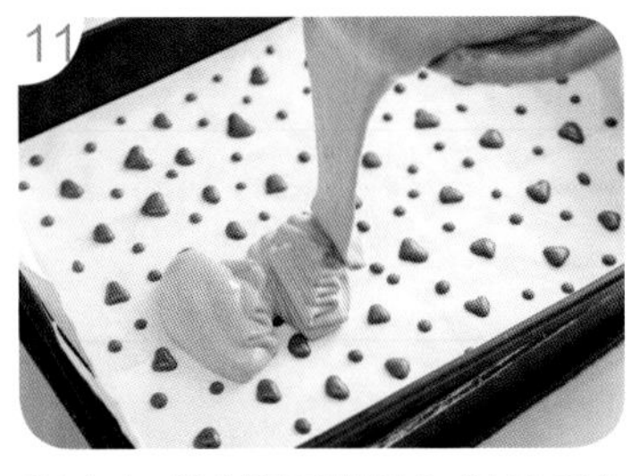

11 剩余红丝绒面糊倒入做法9冷却的烤盘。

12 抹平表面，重敲震出空气，与小杯模一起放入烤箱，以上火180℃/下火140℃，烤焙20分钟，将烤盘调头，再烤8分钟。

13 出炉，冷却后脱模。

14 **组合：**杯子蛋糕横剖。

15 用花形模压出花蛋糕。

16 平盘蛋糕切成2片，先取1片底部垫白报纸，花纹面朝下，另一面抹上打发动物性鲜奶油，把花形蛋糕排列在一侧。

17 利用擀面棍卷起白报纸，边卷边滚动，卷起。

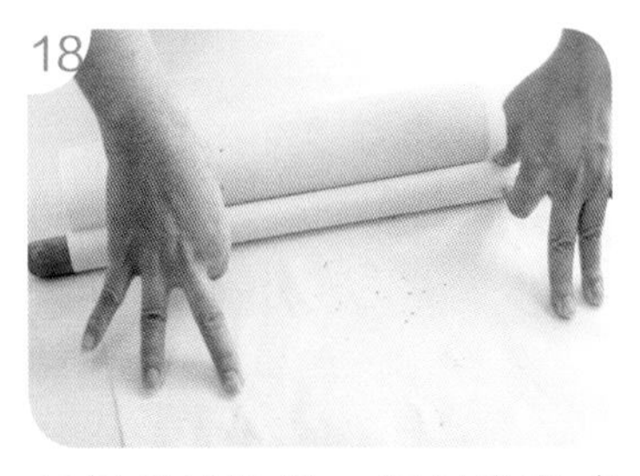

18 最后用手收紧，即包卷完成（另1片蛋糕重复组合动作包卷），放入冰箱冷冻20分钟至定形即可。

摩卡咖啡蛋糕卷

制作分量 | 34cm × 24cm × 1盘（2卷）
最佳赏味 | 冷藏4天

[材料]

A蛋糕体

鲜奶	50g
即溶咖啡粉	5g
沙拉油	40g
蛋黄	65g
细砂糖A	30g
盐	1g
低筋面粉	90g
泡打粉	3g
蛋白	130g
细砂糖B	90g
塔塔粉	1/8小匙

B内馅&装饰

打发动物性鲜奶油	100g
蜜核桃	适量
防潮糖粉	适量
苦甜巧克力	适量
装饰银珠	适量

[做法]

1

蛋糕体：鲜奶加热，加入即溶咖啡粉拌匀。

2

加入沙拉油+蛋黄，拌匀。

3

加入细砂糖A+盐，用打蛋器搅到糖化开。

4

加入过筛的低筋面粉+泡打粉。

5

搅拌均匀至呈无颗粒的糊状。

6

另取一盆，装入蛋白，用手提电动打蛋器拌打出许多大泡泡。

7

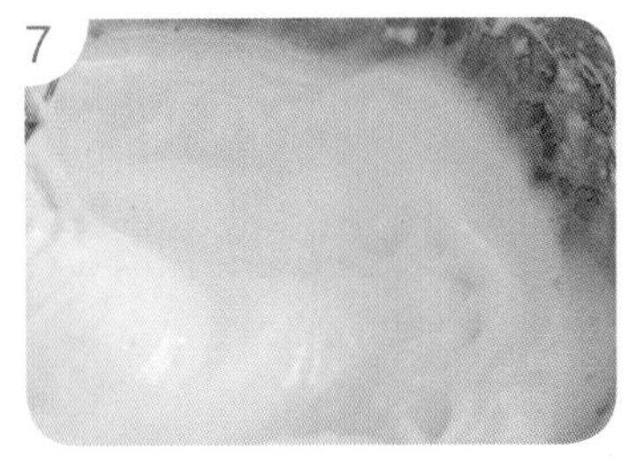

分2次加入细砂糖B+塔塔粉，持续用手提电动打蛋器以同方向最快速拌打。

8

打至湿性发泡九分发。

9

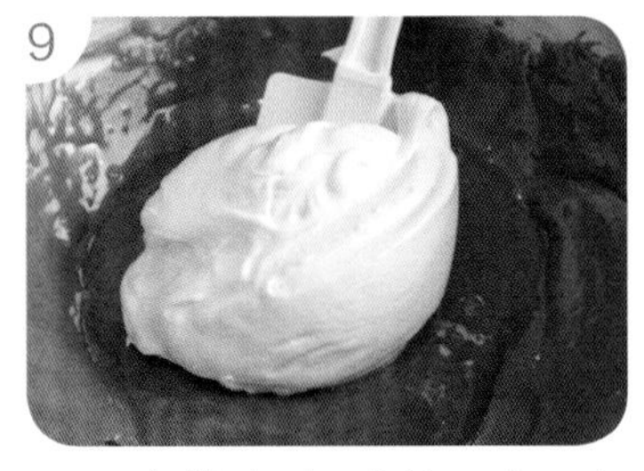

取一半做法8打发的蛋白，加到做法5的面糊中，用刮刀拌匀。

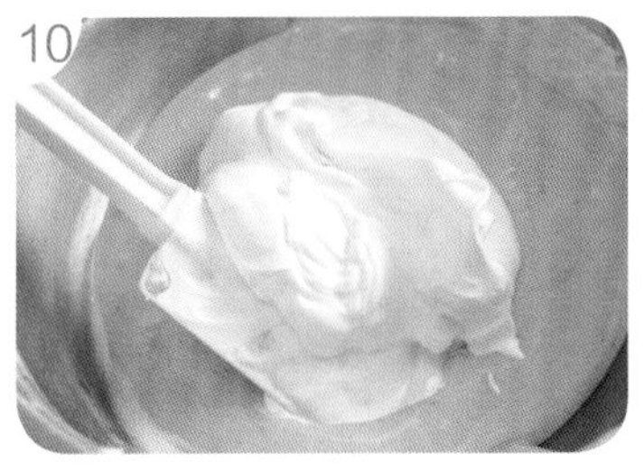
10 拌匀后再加入剩余的打发蛋白，用刮刀拌匀，即为咖啡面糊。

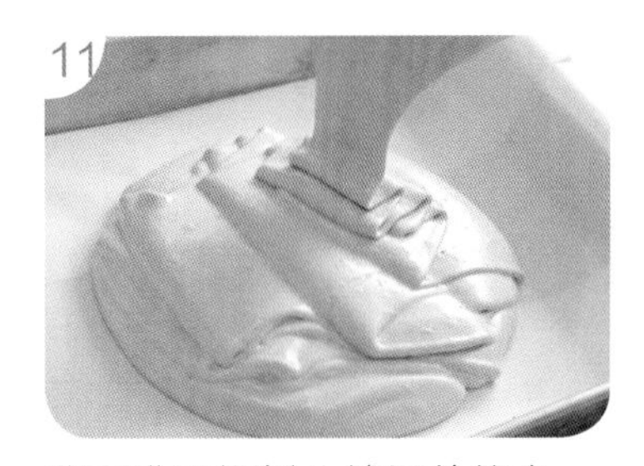
11 将咖啡面糊倒入铺纸的烤盘。

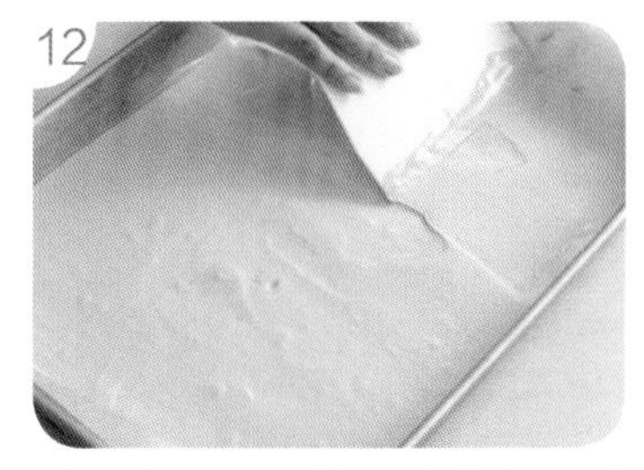
12 抹平表面，重敲震出空气，放入烤箱，以上火180℃ / 下火180℃，烤焙20～22分钟，出炉后撕开底纸放凉。

13 **组合：**将蛋糕切成2片，先取1片底部垫白报纸，表面抹上打发动物性鲜奶油。

14 用刀稍微在前端划三刀（不切断），可便于卷起。

15 撒上蜜核桃，再用抹刀将蜜核桃压紧实。

16 利用擀面棍卷起白报纸，轻轻、快速地边卷边滚动，将蛋糕包起。

17 最后用手收紧，即包卷完成（另1片蛋糕重复组合动作包卷），放入冰箱冷冻20分钟至冷却定形。

18 取出蛋糕卷，表面放3个长纸条，撒上防潮糖粉。

19 移除长纸条，完成糖粉装饰。

20 挤上融化的苦甜巧克力。

21 摆上蜜核桃，再点缀银珠装饰，放入冰箱冷藏30分钟至定形即可。

制作分量 | 34cm×24cm×1盘（2卷）
最佳赏味 | **冷藏4天**

草莓蛋糕手卷

[材料]

A蛋糕体

草莓125g、沙拉油60g、蛋黄90g、细砂糖A 60g、低筋面粉120g、蛋白180g、细砂糖B 60g

B内馅&装饰

打发动物性鲜奶油100g、草莓适量、装饰插卡适量

[做法]

蛋糕体：草莓放入果汁机打成果泥，加入沙拉油+蛋黄，用打蛋器搅匀。

加入细砂糖A，用打蛋器搅匀至砂糖化开。

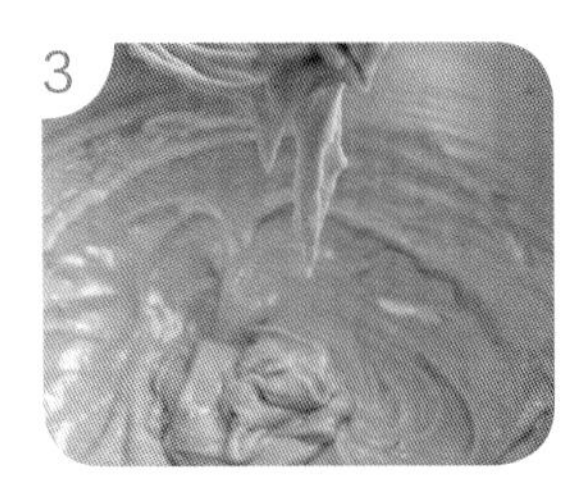

加入过筛的低筋面粉，用打蛋器拌匀至无颗粒的糊状。

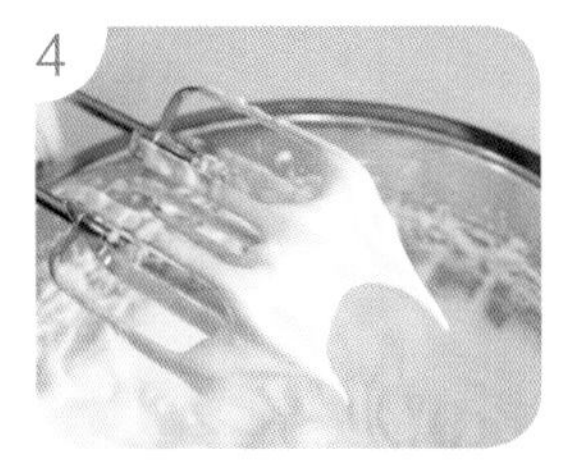

另取一盆，装入蛋白打出许多大泡泡，分2次加入细砂糖B，用手提电动打蛋器以同方向最快速打至湿性发泡九分发。

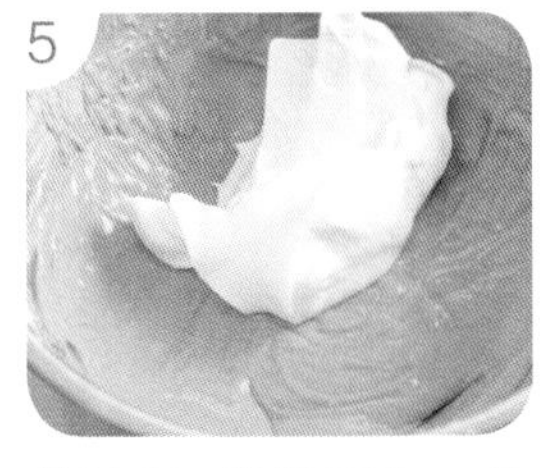

做法4打发的蛋白，分2次加到做法3的面糊中，用刮刀拌匀。

将面糊倒入铺纸的烤盘，抹平表面，重敲震出空气。

放入烤箱，以上火180℃/下火160℃，烤焙22分钟，将烤盘调头，再烤6分钟，出炉后撕开底纸放凉。

组合：切除较粗糙的边缘，切成2片，取1片蛋糕，底部垫白报纸。

表面抹上打发动物性鲜奶油，用刀在前端划三刀（不切断），铺上新鲜草莓。

草莓尾端皆摆放在侧边。

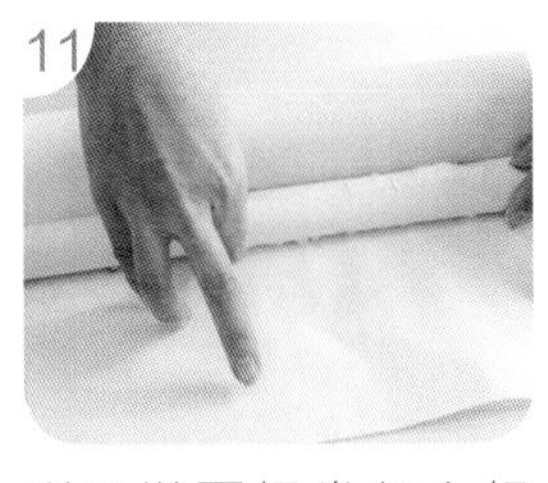

利用擀面棍卷起白报纸，边卷边滚动，将蛋糕包起，最后用手收紧（另1片蛋糕重复组合动作包卷），放入冰箱冷藏30分钟至定形。

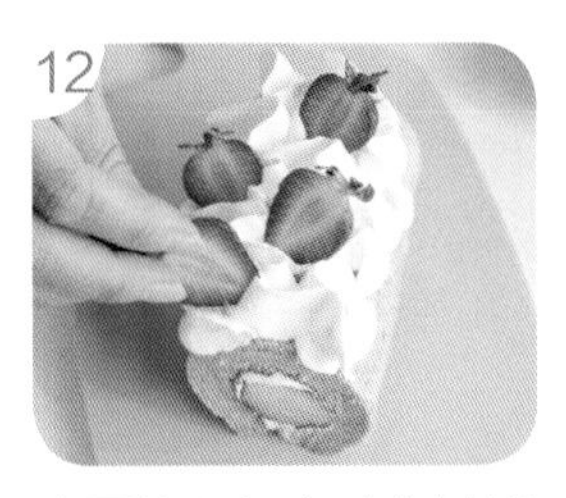

表面挤上打发动物性鲜奶油，排上草莓，再以插卡装饰即可。

制作分量 | 34cm × 24cm × 1盘（2卷）
最佳赏味 | 冷藏4天

金莎巧克力蛋糕卷

[材料]

A蛋糕体

沙拉油55g、可可粉20g、小苏打粉1g、细砂糖A 35g、盐1g、水70g、蛋黄55g、低筋面粉75g、泡打粉2g、蛋白115g、细砂糖B 70g、塔塔粉1/8小匙

B内馅&装饰

打发动物性鲜奶油100g、法式橘皮丁50g、苦甜巧克力85g、动物性鲜奶油110g、熟杏仁角100g

[做法]

1 **蛋糕体：**沙拉油加热到40℃，熄火，加入过筛的可可粉＋小苏打粉，用打蛋器搅匀。

2 细砂糖A＋盐＋水，先拌至化开，再倒进做法1的沙拉油中，搅匀。

3 加入蛋黄，搅拌均匀。

4 加入过筛的低筋面粉＋泡打粉。

5 搅拌至无颗粒。

6 另取一盆，装入蛋白＋细砂糖B＋塔塔粉，打至湿性发泡九分发。

7 把打发的蛋白分次加到做法5的可可糊中拌匀，倒入铺纸的烤盘，抹平表面，重敲震出空气。

8 放入烤箱，以上火180℃/下火160℃，烤焙20分钟，将烤盘调头，再烤3~5分钟，出炉，撕开底纸放凉。

9 **组合：**蛋糕切成2片，取1片底部垫白报纸，表面抹上打发动物性鲜奶油，撒上法式橘皮丁，再用抹刀将橘皮丁压紧实。

10 利用擀面棍卷起白报纸，边卷边滚动，将蛋糕包起，最后收紧（另1片蛋糕重复组合动作包卷），放入冰箱冷藏20分钟至定形。

11 取出蛋糕卷，放在网架上；苦甜巧克力＋动物性鲜奶油，上炉，隔水加热拌匀为巧克力甘纳许，淋在蛋糕卷表面。

12 趁巧克力完全凝固前，裹上熟杏仁角即可。

制作分量 | 34cm×24cm×1盘
最佳赏味 | 冷藏4天

榛果卡士达蛋糕

[材料]

A蛋糕体

沙拉油55g、可可粉20g、小苏打粉1g、细砂糖A 35g、盐1g、水70g、蛋黄55g、低筋面粉75g、泡打粉2g、蛋白115g、细砂糖B 70g、塔塔粉1/8小匙

B内馅

香草荚1/4支、水15g、细砂糖50g、盐1g、烤熟榛果100g、鲜奶300g、卡士达粉70g、打发动物性鲜奶油50g

C装饰

烤熟榛果适量、红醋栗适量、装饰插卡适量

[做法]

1 **蛋糕体**：按照P.125步骤1~8制作蛋糕，冷却后修剪边角，分切成4cm×8cm的蛋糕片，备用。

2 **内馅**：香草荚剖开，用刀刮出香草籽。

3 香草籽+水+细砂糖+盐，煮到121℃，倒入烤熟榛果。

4 炒到砂糖干燥→返砂→挂霜，转小火，继续炒到糖变成焦糖色。

5 倒在防粘纸上，分散铺平放凉。

6 放入料理机，打成榛果酱。

7 鲜奶+卡士达粉拌匀。

8 加入榛果酱拌匀，静置5分钟。

9 加入打发动物性鲜奶油，搅拌均匀，再放入冰箱冷藏15分钟，即为榛果卡士达。

10 **组合**：榛果卡士达装入平口花嘴挤花袋，以水滴形挤在蛋糕片上。

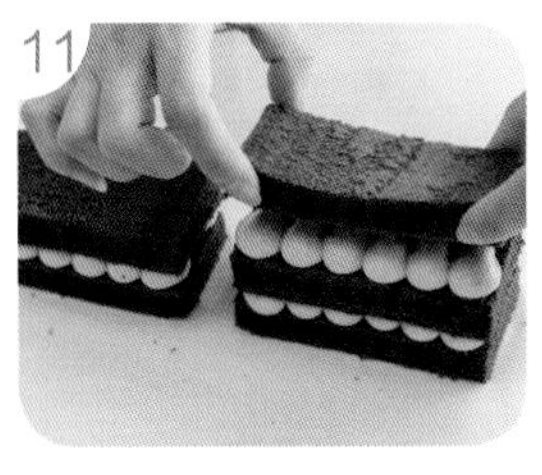

11 蛋糕以3片为1组，夹入2层榛果卡士达馅。

12 表面挤上榛果卡士达，摆上烤熟榛果与红醋栗，再以插卡装饰即可。

制作分量 | 34cm×24cm×1盘（2卷）
最佳赏味 | 冷藏4天

经典芋泥卷

[材料]

A蛋糕体

沙拉油40g、鲜奶55g、蛋黄65g、芋头酱香料3g、细砂糖A 35g、盐1g、低筋面粉95g、泡打粉3g、蛋白135g、细砂糖B 95g、塔塔粉1/8小匙

B内馅

蒸熟芋泥80g、打发动物性鲜奶油40g、细砂糖适量、有盐奶油少许

[做法]

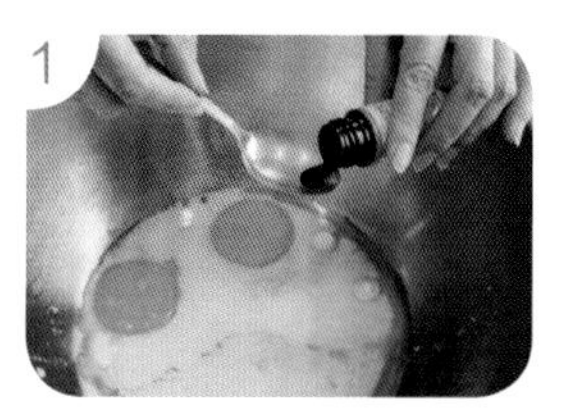

1 **蛋糕体：**鲜奶＋沙拉油＋蛋黄＋芋头酱香料，混合搅匀。

2 加入细砂糖A＋盐，用打蛋器拌匀。

3 倒入过筛的低筋面粉＋泡打粉。

4 用打蛋器搅拌均匀，至无颗粒的糊状。

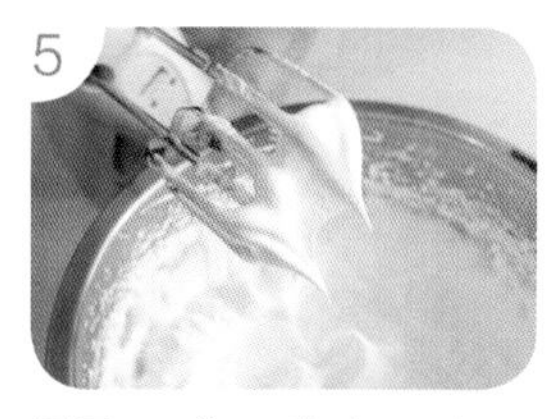

5 另取一盆，装入蛋白，打出许多大泡泡，分2次加入细砂糖B＋塔塔粉，用手提电动打蛋器以同方向打至湿性发泡九分发。

6 做法5打发的蛋白，分2次加到做法4的面糊中，用刮刀拌匀。

7 将面糊倒入铺纸烤盘。

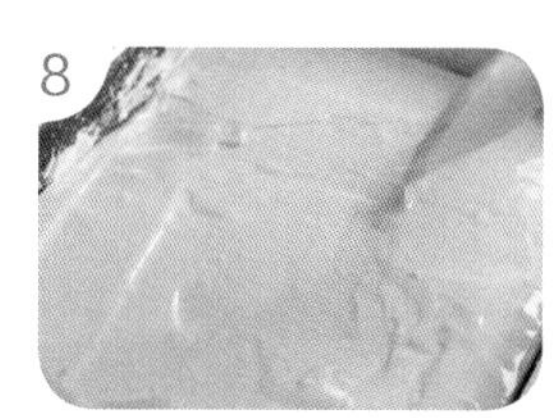

8 抹平表面，重敲震出空气，放入烤箱，以上火180℃／下火180℃，烤焙20～22分钟，出炉，撕开底纸放凉。

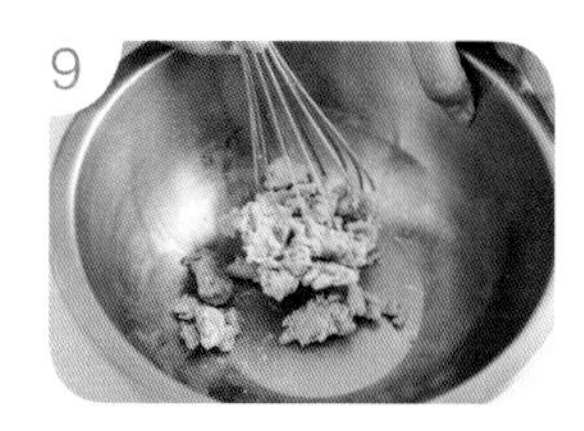

9 **内馅：**蒸熟芋泥依个人喜好加入适量细砂糖和少许有盐奶油调整风味，拌匀。

10 加入打发动物性鲜奶油，拌匀，制成芋泥奶油馅。

11 **组合：**蛋糕切成2片，取1片底部垫白报纸，表面抹上芋泥奶油馅，前端馅料要抹厚一点。

12 利用擀面棍卷起白报纸，边卷边滚动，将蛋糕包起、收紧（另1片蛋糕重复组合动作包卷），放入冰箱冷藏30分钟至定形即可。

PART 3

西点篇

此篇有热门的泡芙，只要学会制作基础泡芙面糊，

就能变化外观与口味，做出截然不同的小西点。

而售价昂贵的千层蛋糕，

只要拥有一个平底锅，就能轻松完成~

泡芙面糊

[材料]

无盐奶油	70g	低筋面粉	105g
水	200g	全蛋	3颗

[做法]

1 无盐奶油＋水，煮滚。

2 加入过筛的低筋面粉。

3 用打蛋器快速搅拌约40秒。

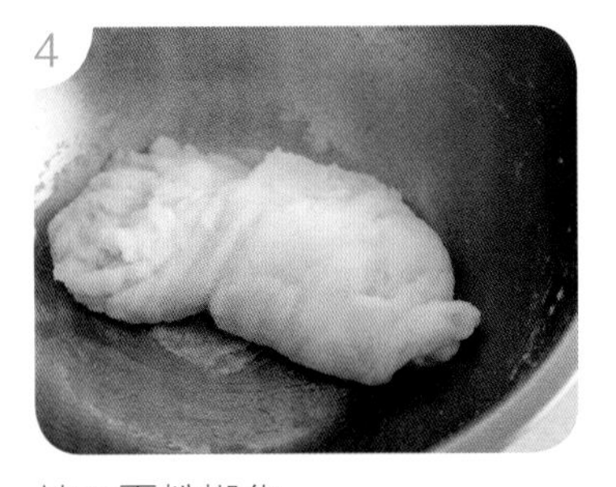
4 拌至面粉糊化。

5 离火，降温到60℃左右。

6 分次加入全蛋。

7 用手提电动打蛋器搅匀。

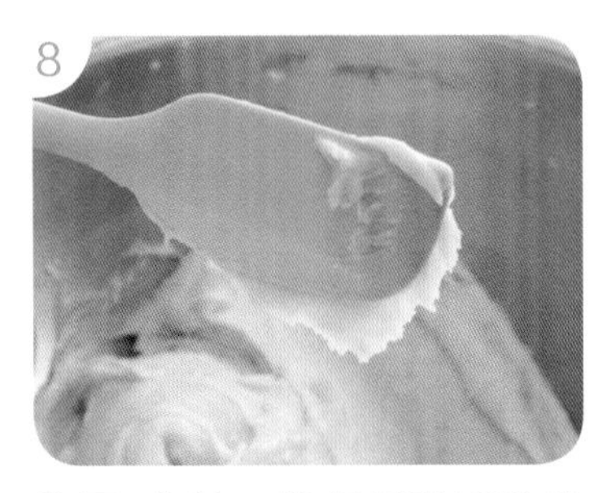
8 静置5分钟，铲起呈现不流动的薄片锯齿状。

*泡芙面糊现打现烤，膨胀效果最佳。
*烤好的泡芙食用前再加馅口感较好。
*加馅前，若泡芙壳软化，可放入烤箱以100℃回烤至表面变脆即可。

草莓小泡芙

[材料]

泡芙面糊	适量（做法见P.132）
打发动物性鲜奶油	适量
草莓	适量

[做法]

1 泡芙面糊装入平口花嘴挤花袋，在铺纸的烤盘里挤直径为3cm的圆。

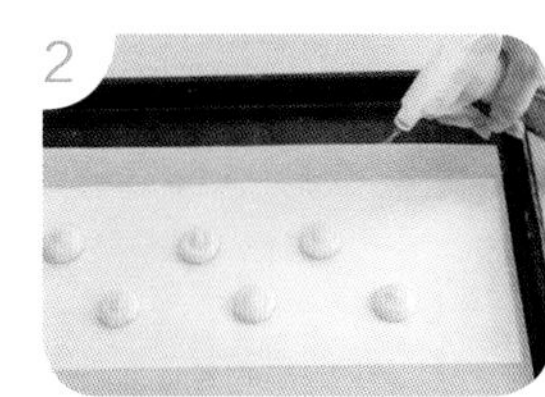

2 表面喷洒少许水。

3 用叉子将面糊尖端按压平整，放入烤箱，以上火190℃ / 下火190℃，烤焙20～22分钟，出炉放凉。

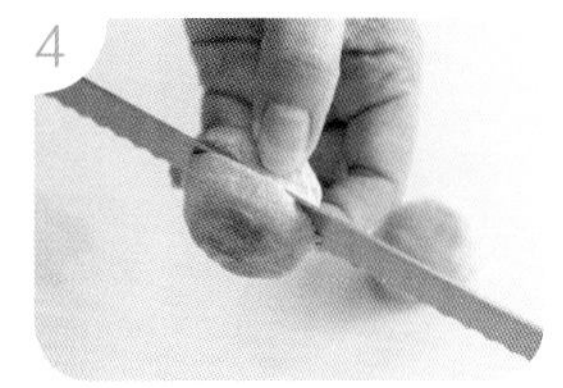

4 用锯齿刀将泡芙横剖成上下两半。

5 下层泡芙挤上打发动物性鲜奶油。

6 摆上半颗草莓，盖回上层泡芙即可。

迷你动物小泡芙

最佳赏味
冷藏 4 天

[材料]

泡芙面糊	适量（做法见P.132）	草莓巧克力	适量
苦甜巧克力	适量	白巧克力	适量
柠檬巧克力	适量		

[做法]

1 泡芙面糊装入平口花嘴挤花袋，在铺纸的烤盘里挤直径为2.5cm的圆，表面喷少许水。

2 用手指将面糊尖端按压平整，放入烤箱，以上火190℃ / 下火190℃，烤焙18～22分钟，出炉放凉。

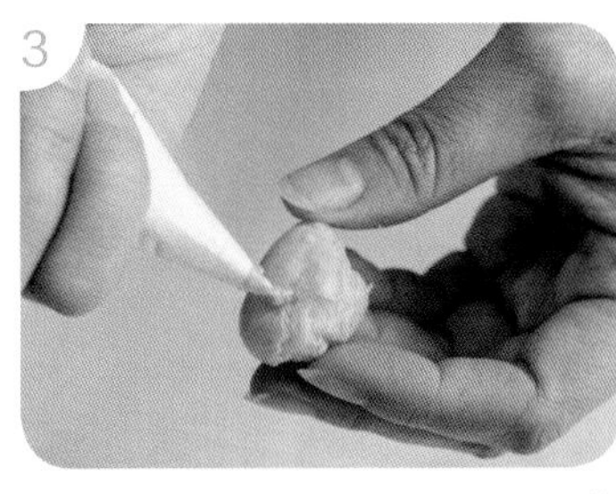

3 各色巧克力隔水加热融化，装在三角袋中，用剪刀剪一个小洞，填到冷却的泡芙中（泡芙先用工具戳小洞）。

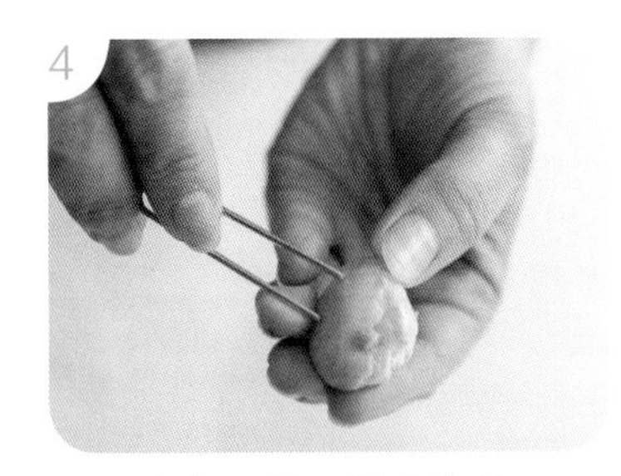

4 用巧克力工具叉固定泡芙。

5 整颗蘸裹融化的各色巧克力，静置待凝固。

6 待巧克力凝固，用苦甜巧克力或白巧克力画出面部细节即可。

挤面糊的技巧

在白报纸上画出所需圆圈大小，上面再叠一张空白的烤焙纸，挤面糊时就能依照圆圈大小，挤出数个大小一致的面糊啰！

最佳赏味
冷藏4天

巧克力转印泡芙

[材料]

泡芙面糊	适量（做法见P.132）	果酱卡士达馅	适量（做法见P.143）	巧克力转印纸	适量
菠萝皮	适量（做法见P.137）	苦甜巧克力	适量		

[做法]

1 泡芙面糊装入平口花嘴挤花袋，在铺纸的烤盘里挤直径为4cm的圆，表面喷少许水。

2 取出冻硬的菠萝皮，以直径为3.5cm的圆模压出菠萝片。

3 将菠萝片放在做法1的泡芙面糊上，放入烤箱，以上火190℃ / 下火190℃，烤焙20~25分钟，出炉，放凉。

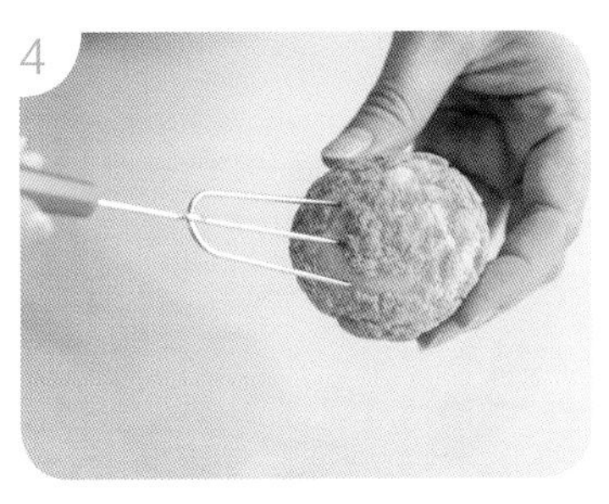

4 从菠萝泡芙底部灌入果酱卡士达馅，用巧克力叉子固定。

5 底部粘裹融化的苦甜巧克力。

6 放在巧克力转印纸上，静置。

7 待巧克力凝固后，撕除巧克力转印纸即可。

闪电鲜果泡芙

最佳赏味
冷藏4天

[材料]

泡芙面糊	适量（做法见P.132）
菠萝皮面糊	适量（做法见P.137）
打发动物性鲜奶油	适量
各式水果	适量
装饰插卡	适量

[做法]

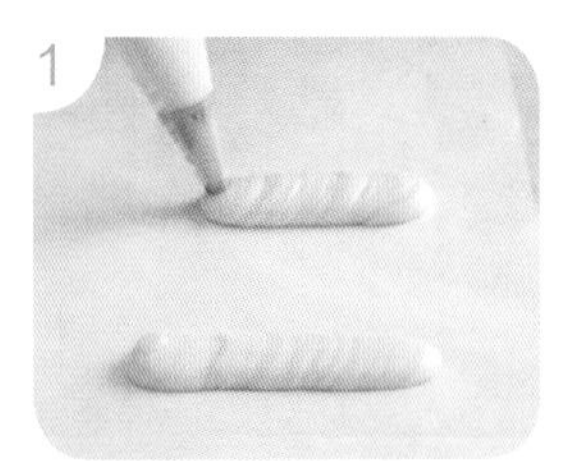

1 泡芙面糊装入平口花嘴挤花袋，在铺纸的烤盘里挤10cm的长条，表面喷少许水。

2 菠萝皮面糊装入锯齿花嘴挤花袋。

3 在泡芙面糊上挤出等大的长条形菠萝皮，放入烤箱，以上火190℃／下火190℃，烤焙20～25分钟，出炉放凉。

4 打发动物性鲜奶油装入菊形花嘴挤花袋，在泡芙上挤出花样。

5 摆上各式水果，再以插卡装饰即可。

水果泡芙圈圈

[材料]

泡芙面糊　适量（做法见P.132）
菠萝皮面糊　适量（做法见P.137）
香草卡士达馅　适量（做法见P.142）
各式水果　适量
防潮糖粉　适量

[做法]

1 泡芙面糊装入平口花嘴挤花袋，在铺纸的烤盘里挤直径为4cm的空心圆，表面喷少许水。

2 菠萝皮面糊装入锯齿花嘴挤花袋，在泡芙面糊上挤出等大的环形圆圈，放入烤箱，以上火190℃ / 下火190℃，烤焙20～25分钟，出炉。

3 泡芙冷却后，以锯齿刀剖开成上下两半。

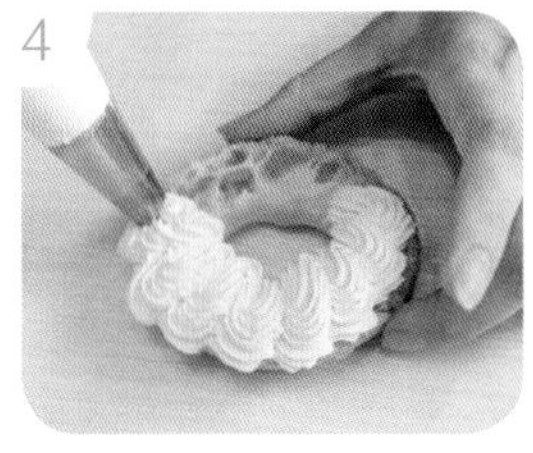

4 下层泡芙挤上香草卡士达馅。

5 摆上各式水果丁。

6 盖上上层泡芙，再撒上防潮糖粉即可。

最佳赏味
冷藏4天

原味卡士达馅

[材料]

奶粉10g、水90g、细砂糖50g、盐1g、全蛋1颗、玉米粉15g、香草粉1g、无盐奶油5g

[做法]

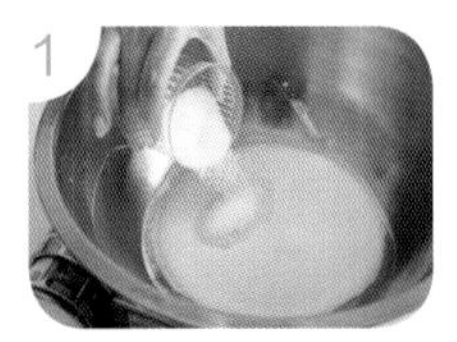

1 奶粉＋水，拌匀，加入细砂糖＋盐，搅拌至无颗粒状（可稍微加热，帮助砂糖化开）。

2 另取一盆，装入全蛋＋过筛的玉米粉与香草粉，拌匀。

3 将做法1的奶粉糊倒进做法2的玉米蛋糊中，边倒边用打蛋器搅拌。

4 移到炉火上，边煮边搅拌至浓稠状。

5 加入无盐奶油，拌匀即可。

※加入适量打发的植物性鲜奶油，可拌匀成原味卡士达鲜奶油馅。

最佳赏味
冷藏4天

香草卡士达馅

[材料]

香草荚1/2根、鲜奶150g、细砂糖50g、蛋黄2颗、玉米粉20g、无盐奶油10g

[做法]

1 香草荚剖开，用刀刮出香草籽，放入不锈钢盆，加入鲜奶＋细砂糖，搅拌至无颗粒状（可稍微加热到40℃，帮助砂糖化开）。

2 另取一盆，装入蛋黄＋过筛的玉米粉，拌匀。

3 将做法1的鲜奶倒进做法2的蛋黄糊中，边倒边用打蛋器搅拌。

4 移到炉火上，边煮边搅拌至浓稠状。

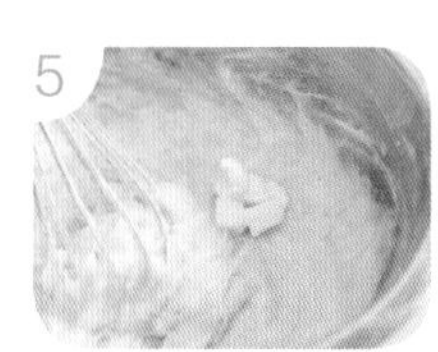

5 加入无盐奶油，拌匀即可。

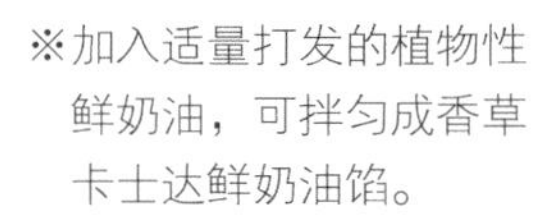

※加入适量打发的植物性鲜奶油，可拌匀成香草卡士达鲜奶油馅。

最佳赏味
冷藏4天

果泥卡士达馅

[材料]

鲜奶90g、细砂糖60g、蛋黄3颗、玉米粉15g、喜欢的水果果泥100g

[做法]

1 鲜奶＋细砂糖，搅拌至无颗粒状（可稍微加热到40℃，帮助砂糖化开）。

2 另取一盆，装入蛋黄＋过筛的玉米粉，拌匀，加入水果果泥，拌匀。

3 将做法1的鲜奶倒进做法2的蛋黄糊中，边倒边用打蛋器搅拌。

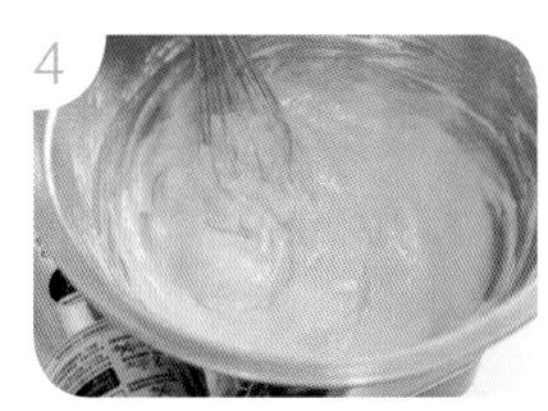

4 移到炉火上，边煮边搅拌至浓稠状即可。

※加入适量打发的植物性鲜奶油，可拌匀成果泥卡士达鲜奶油馅。

最佳赏味
冷藏4天

果酱卡士达馅

[材料]

鲜奶200g、卡士达粉70g、蓝莓果酱200g、兰姆酒1茶匙

[做法]

1 鲜奶＋过筛的卡士达粉，以打蛋器搅拌至无颗粒状。

2 加入蓝莓果酱。

3 搅拌至浓稠状。

4 加入兰姆酒拌匀即可。

※加入适量打发的植物性鲜奶油，可拌匀成果酱卡士达鲜奶油馅。

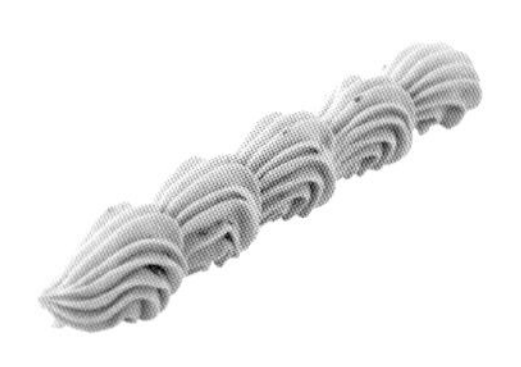

脆皮烤布蕾

模具尺寸 | 直径6cm × 高度3.5cm
制作分量 | 50g × 15杯
最佳赏味 | 冷藏4天

[材料]

香草荚	1根	细砂糖	75g	黄金砂糖（或法国红糖）	适量
鲜奶	300g	蛋黄	1颗		
动物性鲜奶油	150g	全蛋	3颗		

[做法]

1

香草荚剖开，刮出香草籽。

2

香草籽＋鲜奶＋动物性鲜奶油，放入不锈钢盆，上炉煮到60℃。

3

加入细砂糖搅拌到砂糖化开，稍微放凉。

4

另取一盆，放入蛋黄＋全蛋，以打蛋器拌匀。

5

分次加到做法3的鲜奶糊中，搅拌均匀。

6

过筛使质地更加细致，静置20分钟，即为蛋奶糊。

7

将烤盅排放在烤盘上，倒入蛋奶糊。

8

烤盘加入高约1cm的水（水浴蒸烤法），放入烤箱，以上火170℃ / 下火170℃，烤焙25～30分钟。

9

食用前撒上黄金砂糖（或法国红糖），用喷枪烤到砂糖呈现脆焦糖状即可。

香草舒芙蕾

模具尺寸 | **直径6cm × 高度3.5cm**
制作分量 | **25g × 10杯**
最佳赏味 | **出炉后立即享用**

[材料]

香草荚1/4根、鲜奶40g、无盐奶油15g、蛋黄1颗、
细砂糖 A 20g、低筋面粉40g、蛋白3颗、细砂糖 B 50g、
防潮糖粉适量

[做法]

1

烤盅刷上软化的无盐奶油（用量在材料列表之外）。

2

烤盅装入细砂糖（用量在材料列表之外），再将多余的细砂糖倒出。

3

香草荚剖开，用刀刮出香草籽，加入鲜奶＋无盐奶油，上炉煮到60℃。

4

加入细砂糖 A，搅拌到砂糖化开，离火。

5

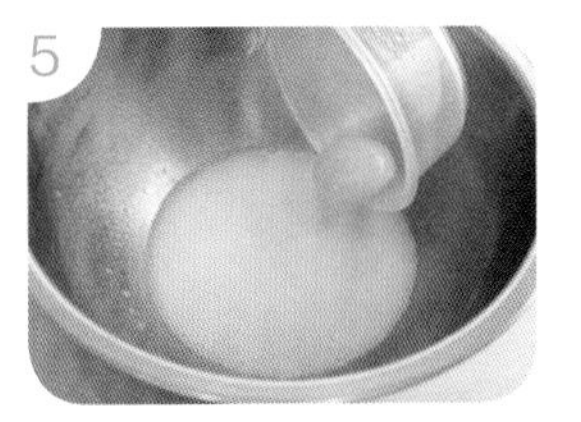

加入蛋黄，拌匀。

6

加入过筛的低筋面粉，拌匀成蛋黄糊。

7

另取一个干净的不锈钢盆，放入蛋白，用手提电动打蛋器，以同方向最快速打发20秒，加入细砂糖 B 。

8

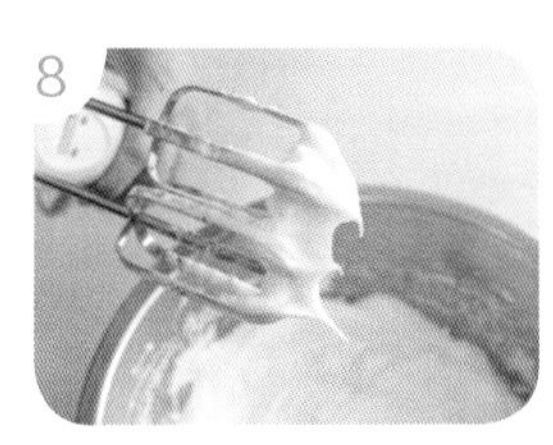

再用同方向最快速打发2分钟，再转慢速打30秒，让打发蛋白更细致。

9

将做法8的打发蛋白分3次加到做法6的蛋黄糊中，拌匀。

10

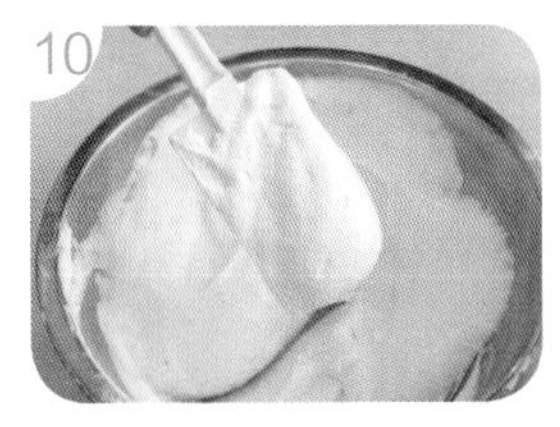

拌匀成舒芙蕾面糊。

11

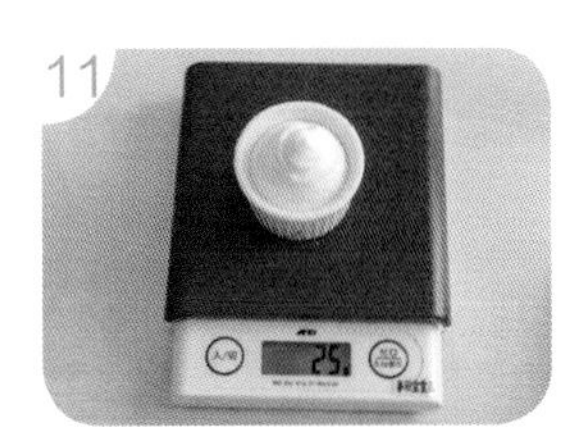

舒芙蕾面糊装入做法2的烤盅，每杯25g。

12

轻轻敲平面糊（下方垫布避免烤盅受损），放入烤箱，先以上火220℃ / 下火180℃，烤焙3分钟，再降温成上火180℃ / 下火170℃，烤焙10～12分钟，出炉后撒上防潮糖粉，趁热马上食用。

香草千层蛋糕

制作分量 | 8英寸×1个
最佳赏味 | 冷藏4天

咖啡核桃千层蛋糕

制作分量 | 8英寸×1个
最佳赏味 | 冷藏4天

香草千层蛋糕

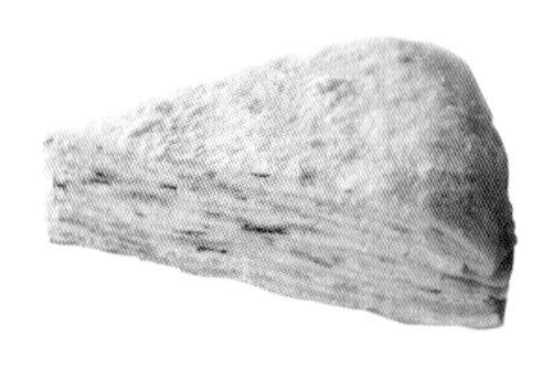

[材料]

A香草面糊		低筋面粉	140g	卡士达粉	65g
全蛋	2颗	玉米粉	10g	兰姆酒	1茶匙
细砂糖	30g	沙拉油	30g	**C装饰**	
香草荚	1/4根	**B卡士达奶油馅**		防潮糖粉	适量
奶粉	35g	动物性鲜奶油	180g		
水	315g	鲜奶	210g		

[做法]

香草面糊：全蛋打散，加入细砂糖，搅拌到砂糖化开，加入刮出的香草籽，拌匀。

奶粉＋水，拌匀后倒进做法1的蛋液中，拌匀。

加入过筛的低筋面粉＋玉米粉，搅拌均匀。

加入沙拉油，拌匀成面糊。

将面糊过筛，静置松弛10分钟，制成香草面糊。

取直径为20cm的平底锅，加热后离火，舀入一勺香草面糊。

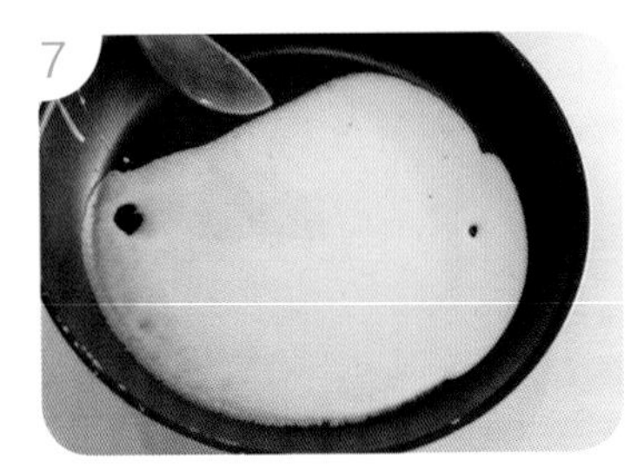

转动锅，使面糊均匀分布在锅面。

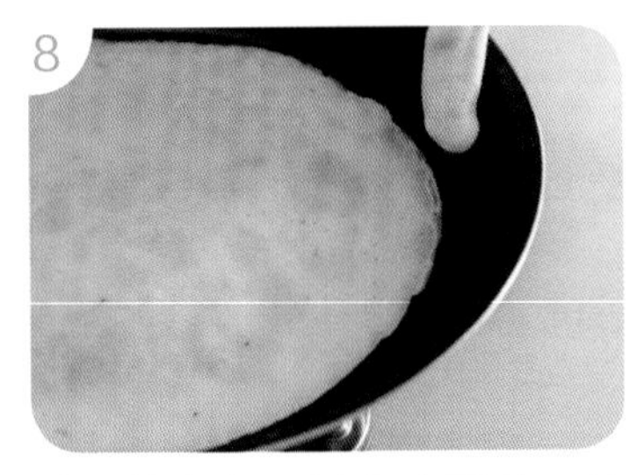

放回炉火上，以小火慢煎，待边缘上色时翻面。

煎到双面上色，取出静置放凉，依此方式将面糊煎完，约可煎10片面皮。

卡士达奶油馅：动物性鲜奶油放入不锈钢盆，底下垫一盆冰块水。

用手提电动打蛋器，以同方向最快速打发，放入冰箱冷藏，备用。

另取一盆，加入鲜奶＋兰姆酒＋卡士达粉。

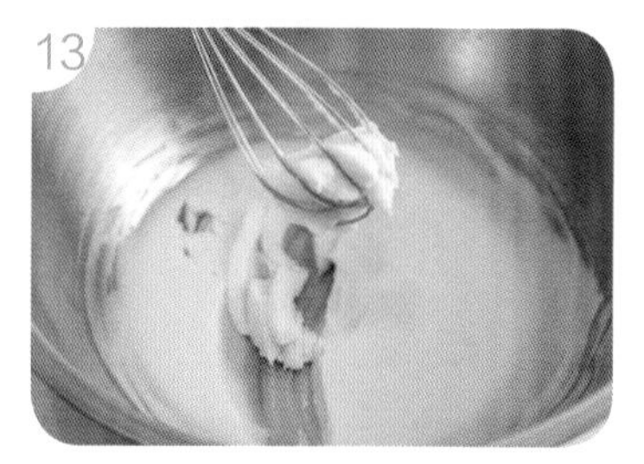

用打蛋器搅匀，静置10分钟。

分次加入做法11打发的动物性鲜奶油，拌匀，制成卡士达奶油馅。

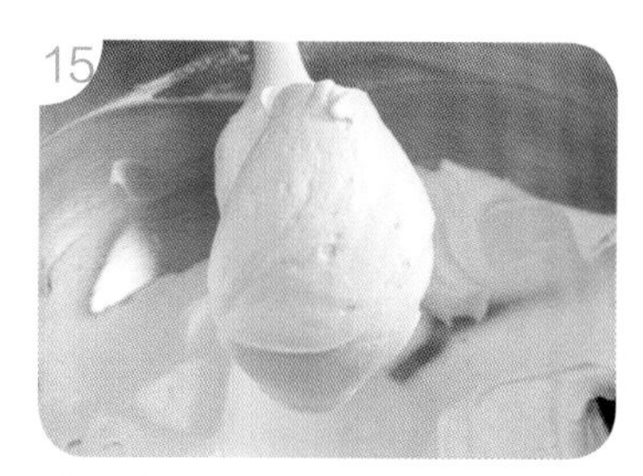

装入锯齿花嘴挤花袋。

组合：取一片面皮，挤上几条卡士达奶油馅（※用花嘴挤馅非常简便，可以试试看喔！）。

盖上另一片面皮。

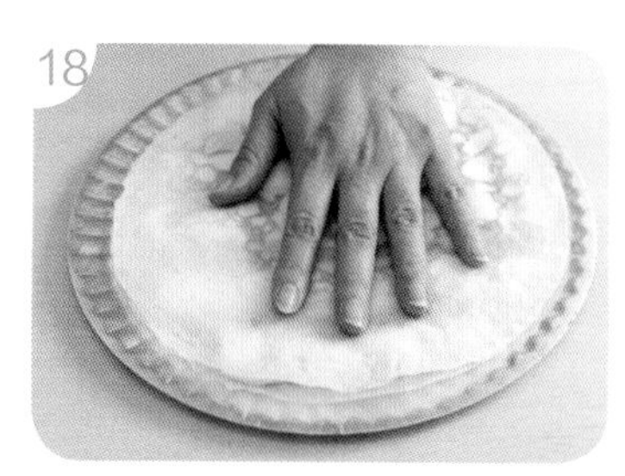

用手轻压、拍平。

上面再挤几条卡士达奶油馅，方向要和下面那层垂直。

依此方式层层叠叠，到最后一层时，卡士达奶油馅需挤满整个表面。

盖上最后一片面皮，放入冰箱冻硬，食用前取出，表面撒上防潮糖粉即可。

咖啡核桃千层蛋糕

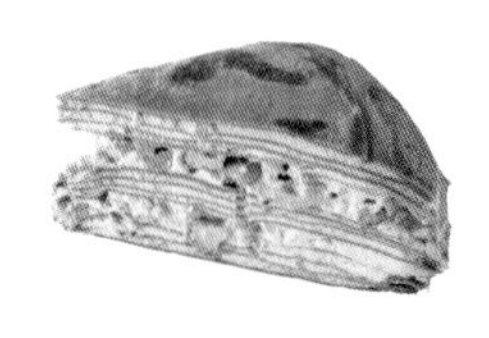

[材料]

A咖啡面糊

无盐奶油	30g
热开水	150g
即溶咖啡粉	4g
鲜奶	200g
全蛋	2颗
细砂糖	40g
低筋面粉	120g

B咖啡核桃奶油馅

蜜核桃	50g
动物性鲜奶油	200g
热开水	80g
即溶咖啡粉	2g
鲜奶	160g
咖啡香甜酒	1茶匙
卡士达粉	60g

C夹馅&装饰

蜜核桃	适量
防潮可可粉	适量

[做法]

1 **咖啡面糊：**无盐奶油隔水加热至融化，备用。

2 另取一盆，加入热开水＋即溶咖啡粉，拌匀。

3 加入鲜奶，拌匀。

4 倒进全蛋中，混合拌匀。

5 加入做法1融化的无盐奶油，拌匀。

6 加入细砂糖，搅拌到砂糖化开，再加入低筋面粉。

7 拌匀成面糊，过筛，静置松弛10分钟，制成咖啡面糊。

8 取直径为20cm的平底锅，加热后离火，舀入一勺咖啡面糊，转动锅，使面糊均匀分布，放回炉火上，以小火慢煎。

9 待边缘上色时，翻面，煎到双面上色，取出静置放凉，依此方式将面糊煎完，约可煎10片面皮。

咖啡核桃奶油馅：蜜核桃切碎。

动物性鲜奶油放入不锈钢盆，底下垫一盆冰块水，用手提电动打蛋器以同方向最快速打发，放入冰箱冷藏，备用。

另取一盆，加入热开水＋即溶咖啡粉，拌匀。

加入鲜奶，搅拌均匀。

加入咖啡香甜酒，拌匀。

加入卡士达粉，用打蛋器搅拌均匀，静置10分钟。

加入做法10的蜜核桃碎。

搅拌均匀。

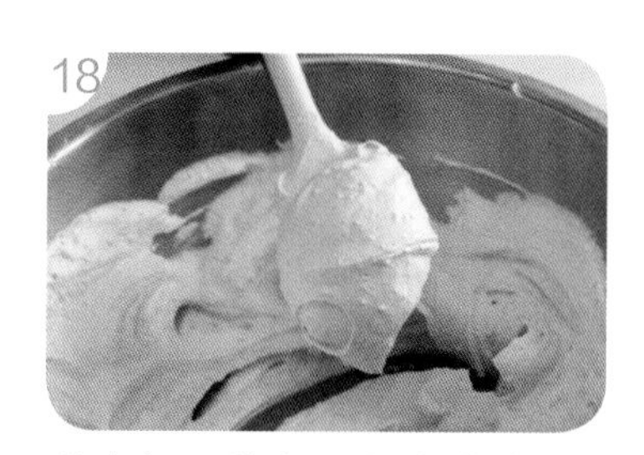

分次加入做法11打发的动物性鲜奶油，拌匀，制成咖啡核桃奶油馅。

组合：取一片面皮，用抹刀抹一层咖啡核桃奶油馅，盖上面皮，再抹一层奶油馅，再撒上蜜核桃（只有两三层加撒蜜核桃，避免千层太厚重）。

撒蜜核桃时，要多抹一次咖啡核桃奶油馅，填补核桃缝隙，抹平后再盖上面皮。

依此方式层层叠叠，盖上最后一片面皮，放入冰箱冻硬，食用前取出，表面撒上防潮糖粉即可。

制作分量 | 8英寸×1个
最佳赏味 | 冷藏4天

草莓千层蛋糕

提拉米苏千层蛋糕

制作分量 | 8英寸×1个
最佳赏味 | 冷藏4天

草莓千层蛋糕

[材料]

A奶香面糊

无盐奶油	30g
全蛋	2颗
细砂糖	30g
鲜奶	350g
低筋面粉	140g
玉米粉	10g

B草莓奶油馅

动物性鲜奶油	200g
新鲜草莓	100g
鲜奶	130g
卡士达粉	65g

C夹馅＆装饰

新鲜草莓	适量
打发动物性鲜奶油	适量
防潮糖粉	适量

[做法]

1

奶香面糊：无盐奶油隔水加热至融化，备用。

2

另取一盆，放入全蛋打散，加入细砂糖搅到砂糖化开，再加入鲜奶搅匀。

3

加入过筛的低筋面粉与玉米粉，搅拌均匀。

4

加入做法1的无盐奶油，拌匀。

5

将面糊过筛，静置松弛10分钟，制成奶香面糊。

6

取直径为20cm的平底锅，加热后离火，舀入一勺奶香面糊。

转动锅，使面糊均匀分布在锅面。

放回炉火上，以小火慢煎，待边缘上色时，翻面，煎到双面上色，取出静置放凉，依此方式将面糊煎完，约可煎10片面皮。

草莓奶油馅：动物性鲜奶油放入不锈钢盆，底下垫一盆冰块水，用手提电动打蛋器，以同方向最快速打发，放入冰箱冷藏，备用。

草莓洗净、擦干、去蒂头，放入果汁机，加入鲜奶打成泥。

将草莓泥加入卡士达粉，用打蛋器搅匀。

再分次加入做法9打发的动物性鲜奶油，以打蛋器搅拌。

拌匀制成草莓奶油馅，装入锯齿花嘴挤花袋，备用。

组合：草莓洗净、擦干、去蒂头，切0.5cm厚片。取一片面皮，挤满草莓奶油馅。盖上面皮，再挤满一层草莓奶油馅，均匀铺上草莓片。

再挤上满满一层草莓奶油馅（留意每层奶油馅要垂直交错挤满），再盖上面皮（只有两三层铺草莓片，避免千层太厚重）。

依此方式层层叠叠，盖上最后一片面皮，用抹刀将侧边奶油抹平。

打发动物性鲜奶油装入菊形花嘴挤花袋，在千层蛋糕表面挤上8朵奶油花。

摆上草莓，放入冰箱冻硬，食用前取出，表面撒上防潮糖粉即可。

提拉米苏千层蛋糕

[材料]

A巧克力面糊

无糖可可粉	20g
沙拉油	30g
鲜奶	350g
全蛋	2颗
细砂糖	35g
低筋面粉	120g

B提拉米苏慕斯馅

动物性鲜奶油	300g
意式浓缩咖啡	20g
细砂糖	15g
吉利丁片	4片
马斯卡彭起司	150g
咖啡香甜酒	10g

C装饰

防潮可可粉	适量

[做法]

1

巧克力面糊：沙拉油上炉加热到40℃，熄火，加入过筛的无糖可可粉，拌匀。

2

加入鲜奶，拌匀，再加入全蛋，拌匀。

3

加入细砂糖，搅拌到砂糖化开，再加入过筛的低筋面粉。

4

搅拌均匀后过筛，静置松弛10分钟，制成巧克力面糊。

5

取直径为20cm的平底锅，加热后离火，舀入一勺巧克力面糊，转动锅，使面糊均匀分布，放回炉火上，以小火慢煎。

6

边缘上色后翻面，煎到双面上色，取出静置放凉，依此方式将面糊煎完，约可煎10片。

提拉米苏慕斯馅：动物性鲜奶油放入不锈钢盆，底下垫一盆冰块水，用手提电动打蛋器以同方向最快速打发，放入冰箱冷藏，备用。

另取一盆，装入意式浓缩咖啡，加热到40℃，加入细砂糖，搅拌到砂糖化开。

吉利丁片泡冰水至软，挤干多余的水分，加到做法8的咖啡中，搅拌至融化。

加入马斯卡彭起司，拌匀。

加入咖啡香甜酒拌匀，离火降温。

分次加入做法7打发的动物性鲜奶油。

拌匀，制成提拉米苏慕斯馅，装入锯齿花嘴挤花袋。

组合：取一片面皮，挤上一层提拉米苏慕斯馅。

盖上一片面皮，轻压拍平。

挤上一层馅，方向和下面那层垂直，这样叠起来才会平衡，依此方式层层叠叠，最后一层需要把馅挤满整个表面。

盖上最后一片面皮，放入冰箱冻硬。

食用前取出，表面撒上防潮可可粉即可。

制作分量 | 8英寸×1个
最佳赏味 | 冷藏4天

抹茶红豆千层蛋糕

[材料]

A抹茶面糊

热开水	50g
抹茶粉	10g
鲜奶	300g
全蛋	2颗
细砂糖	40g
低筋面粉	120g
沙拉油	30g

B红豆奶油馅

动物性鲜奶油	200g
热开水	100g
红豆沙	30g
鲜奶	100g
卡士达粉	65g

C夹馅&装饰

蜜红豆颗粒	适量
防潮糖粉	适量

[做法]

1 **抹茶面糊：**热开水＋抹茶粉，放入不锈钢盆，搅匀。

2 加入鲜奶，拌匀。

3 加入全蛋，拌匀。

4 加入细砂糖，搅拌到砂糖化开，再加入过筛的低筋面粉，拌匀。

5 加入沙拉油，拌匀。

6 将面糊过筛，静置松弛10分钟，制成抹茶面糊。

取直径为20cm的平底锅，加热后离火，舀入一勺抹茶面糊。

转动锅，使面糊均匀分布，再放回炉火上，以小火慢煎。

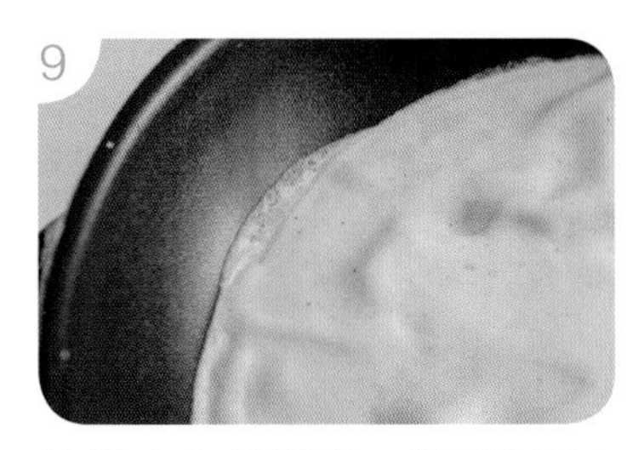

边缘上色后翻面，煎到双面上色，取出静置放凉，依此方式将面糊煎完，约可煎10片面皮。

红豆奶油馅：动物性鲜奶油放入不锈钢盆，底下垫一盆冰块水，用手提电动打蛋器，以同方向最快速打发，放入冰箱冷藏，备用。

另取一盆，装入热开水+红豆沙，搅拌均匀。

加入鲜奶，用打蛋器搅匀，再加入卡士达粉。

搅匀，静置10分钟。

分次加入做法10打发的动物性鲜奶油。

拌匀，制成红豆奶油馅。

组合：取一片面皮，抹一层红豆奶油馅，撒上蜜红豆颗粒（只有三四层加撒蜜红豆颗粒，避免千层太厚重）。

加撒蜜红豆颗粒时，要多抹一次红豆奶油馅，填补缝隙，抹平后再盖上面皮。

依此方式层层叠叠，盖上最后一片面皮，放入冰箱冻硬，食用前取出，表面撒上防潮糖粉即可。

《麦田金老师的解密烘焙：超萌甜点零失败！88款疗愈系装饰午茶饼干、蛋糕与西点》
中文简体字版©2020 由河南科学技术出版社发行。

豫著许可备字-2018-A-0014

图书在版编目（CIP）数据

麦田金老师的解密烘焙：超萌甜点零失败！88款疗愈系装饰午茶饼干、蛋糕与西点 / 麦田金著. 一 郑州 :河南科学技术出版社, 2020.5
ISBN 978-7-5349-9915-4

Ⅰ. ①麦… Ⅱ. ①麦… Ⅲ. ①烘焙－糕点加工 Ⅳ. ①TS213.2

中国版本图书馆CIP数据核字(2020)第050047号

出版发行：河南科学技术出版社
地址：郑州市郑东新区祥盛街27号 邮编：450016
电话：（0371）65737028 65788613
网址：www.hnstp.cn
责任编辑：冯 英
责任校对：李晓娅
责任印制：朱 飞
印 刷：河南博雅彩印有限公司
经 销：全国新华书店
开 本：787 mm × 1092 mm 1/16 印张：10.5 字数：250 千字
版 次：2020年5月第1版 2020年5月第1次印刷
定 价：68.00元

如发现印、装质量问题，影响阅读，请与出版社联系。

いつも
ありがと。
I Love U